Klaus Schmidbauer

Vorsprung mit Konzept

Erfolgreiche Konzepte für die Unternehmens- und Marketingkommunikation entwickeln

W0179861

© Talpa-Verlag Berlin, 2011
www.talpa.de

Alle Rechte vorbehalten
ISBN 978-3-933689-08-5

Inhalt

159 Phase 05. Die Realisierung des Konzepts

175 Anhang. Die ergänzenden Materialien

Vorwort.
Und nichts als die Praxis

Konzeption ist machbar

Als ich vor rund 24 Jahren mein erstes Kommunikationskonzept zu Papier brachte, da hatte ich von Methodik und Instrumentarium keinen blassen Schimmer. Ich schrieb in Notwehr aus anderen Konzepten ab und verließ mich ansonsten auf mein Bauchgefühl. Aus einem Konzept sind inzwischen weit über tausend geworden. Im Laufe der Jahre habe ich eine ganze Menge an Erfahrungswissen angesammelt – und dieses Erfahrungswissen ist Grundlage meines vorliegenden Buches. Ich habe gelernt, Konzeption ist keine Wissenschaft, auch wenn sie einem aus der Ferne erst einmal respekterheischend groß und kompliziert erscheint. Gute Konzeption ist einfach und klar. Sie ist aber nicht so einfach, dass sie wie die Aufbauanleitung des berühmten Billy-Regals von Ikea funktioniert, bei der man nur Schritt für Schritt alles genauso tun muss, wie man es im Text liest und das Konzept steht hinterher wie eine Eins. Das wäre dann doch zu einfach. Nein, man muss schon bereit sein, abzuwägen und eigene Entscheidungen zu treffen. Konzeption ist ein analytischer, strategischer und kreativer Entscheidungsprozess mit klaren Zielen vor Augen.

Das vorliegende Buch ist aus meiner Praxis für Ihre Praxis geschrieben. Mein Buch versteht sich als eine intelligente Gebrauchsanweisung für gute Unternehmens- und Marketingkommunikation. Schritt für Schritt wird der Weg zum einsatztauglichen Konzept beschrieben. Auf verschlungene Seitenpfade habe ich bewusst verzichtet, die tradierten Regeln der klassischen PR und Werbung bleiben zumeist außen vor. Das Buch ist einer modernen Form der Kommunikation verpflichtet.

Ich stelle Ihnen auf den nächsten 180 Seiten meinen persönlichen Werkzeugkasten der Konzeptionsmethodik mit den wichtigsten Faustregeln und Werkzeugen vor. Der Werkzeugkasten ist auf die vielen alltäglichen Kommunikationsfälle, die in Unternehmen und Institutionen an der Tagesordnung sind, zugeschnitten. Schon mit wenig Zeit und überschaubarem Aufwand lassen sich damit schlagkräftige Konzepte entwickeln. Die Methoden und Instrumente sind für die Eröffnung einer neuen Filiale genauso einsetzbar wie für den Kommunikationsauftritt im Rahmen einer Messe oder die Einführung einer neuen Serviceleistung. Um bis dicht an die Praxis zu kommen, beschreibe ich die gesamte konzeptionelle Schrittfolge am Beispiels eines authentischen Konzeptionsfalls. Es geht um Kommunikation für Nanotechnologie. Mehr soll an dieser Stelle noch nicht verraten werden.

Konzeptionsarbeit erschien Ihnen bisher zu kompliziert? Ihnen fehlte das nötige methodische Rüstzeug, um einzusteigen? Dann sind Sie hier genau richtig. Mein Buch wendet sich an Einsteiger und Fachleute aus PR, Werbung, Event und anderen Kommunikationsbereichen, die immer mal wieder mit konzeptionellen Problemen konfrontiert werden und sich für diese Problemsituationen zukünftig einen zuverlässigen Kompass wünschen. Ich habe mein Buch für Kommunikationsleute wie Sie geschrieben, die Kommunikation nicht als lästige Pflicht, sondern als ihr Metier betrachten und weiterkommen wollen. Mein erklärtes Ziel ist, dass Sie erkennen, wie entscheidend wichtig die Konzeption für erfolgreiche Unternehmens- und Marketingkommunikation ist. Mehr noch, Sie sollen richtig Lust auf das konzeptionelle Arbeiten bekommen. Nie mehr ohne Konzept! Das sollte Ihr guter Vorsatz am Ende dieses Buches sein.

Berlin, Mai 2011

Klaus Schmidbauer

sozialen automatisch Maßnahmen ständig wurde
Intuition Linie Konzeption darf allein
etingkommunikation oft
Realitä Veränderung Schritt kommunikativen Schulze
Bild weit
Problemlösung Einfach Wer
moderr Haufen Kreativität
destc Gut konzeptionelle
später Gehirn liegt mehr fällt
wenig Praxis Entscheidungen gute
Kommunikation Basis
Bildern paar
besser Zukunft Konzepte Chance bisweilen
Phase Mensch neuen wiederholen Menschen
ahren einfach Wirklichkeit Konzepts steht
läuft
beim entlang Handeln Idee keinesfalls
kommen unserer Problem
Aufwand Kommunikationsarbeit
Institutionen emotional möglichst Ansprache Dinge
entstehen Werkzeuge Kommunikationsproblem Arbeit je
größer lösen kommuniziert braucht nimmt
Ideen kommunizieren Erst entwickelt
Regel Methodik strategischen Zeit bleibt
gilt Kreation Sinne
Kommunikationskonzept sinnlich
Einzelkämpfer Unternehmens Konzept
Nerv Je
voller Regeln Zweck
Gute Zielgruppe institutionelle Mittel kreativen
Qualität Schrittfolge
stehen immer kommt
basieren Medien Jahre
Situation Arbeitsalltag einsteigen
alte ganz darauf
ekunde neue gibt Unternehmen entsteht
Ebene fast
Grund Deshalb ab Strategie geht gesamte
gehen Analyse Akteure
entscheidend viele stets gleich schon
dagegen Ziel halten Richtung Probleme

Am Start.
Grundlagen von
Kommunikation
und Konzeption

Kommunikation braucht Konzept

Auch wenn Ihnen Fallbeispiele in Fachzeitschriften oder Sonntagsvorträge auf einschlägigen Fachkongressen etwas anderes weismachen wollen, draußen in der Wirklichkeit läuft Unternehmens- und Marketingkommunikation häufig ohne richtiges Konzept ab. Es gibt zwar in der Regel ein schriftliches Arbeitspapier, auf dem vorne „Konzept" drauf steht. Nur ist oft kein Konzept drin. Man könnte es vielleicht Planungsexposé, Ideenskizze oder Maßnahmenplan nennen, aber keinesfalls Konzept, denn es fehlen wichtige methodische Schritte und Denkweisen, die das Wesen jedes Konzepts ausmachen. Wie kommt es zu diesen Mangelerscheinungen?

Ein Grund liegt sicherlich darin, dass der Mensch von der Evolution nicht für vorausschauende Planung geschaffen wurde. Auch wenn er sich selbst für kopfgesteuert hält, geht er das Leben doch eher mit dem Bauch an. Er will schnelle Erfolge, er entscheidet spontan und aktionistisch, getrieben von inneren Impulsen, die in der Regel alles andere als durchdacht sind. Das gilt auch für das angeblich so rational geprägte Geschäftsleben und die Planung von Kommunikationskampagnen.

Da kommt der Chef in die Kommunikationsabteilung und beschwert sich: „Mensch, Schulze, ich habe mir Ihre Auswertungen angeschaut. Berauschend war das nicht, kann ich Ihnen sagen. Ihre Anzeigen haben in letzter Zeit immer weniger Resonanz gebracht. Das muss sich ändern. Machen Sie mir ein paar neue Maßnahmenvorschläge. Ich wünsche mir einen bunten Strauß von Ideen." Und der Schulze aus der Kommunikationsabteilung spurt, stellt einen neuen Maßnahmenplan zusammen – und kann damit das eigentliche Kommunikationsproblem nicht lösen, er hat keine Chance. In meiner Praxis erlebe ich, dass ein Großteil der Kommunikationsaktivitäten wie bei Schulze auf der operativen Ebene erdacht und geplant wird. Man verharrt in der Froschperspektive der Maßnahmen und wundert sich, dass man nicht weiterkommt.

Die Mehrzahl der Kommunikationsprobleme lässt sich nicht mit maßnahmenfixierten Manövern lösen. Im Gegenteil, die Probleme verfestigen sich nur, weil man nie zum eigentlichen Ursachenkern vordringt. Wer Kommunikation nur auf der operativen Ebene plant, der macht sich einen Haufen Arbeit, der steht ständig unter Stress, aber kommt kaum voran, weil ihm die Linie und der Überblick fehlen. Kommunikation mit Konzept führt dagegen zu einem Wechsel der Ebene. Man steigt auf, schaut aus der Adlerperspektive mit strategischem Weitblick auf die Probleme, und siehe da: von dort oben sieht die Welt schon ganz anders aus.

Es gibt noch einen zweiten Kardinalfehler, der mir immer wieder begegnet. Die Kommunikationsleute sind allzu sehr auf Sicherheit bedacht. Das kann man ja irgendwie verstehen, denn sie haben erlebt, wie unberechenbar Kommunikation sein kann, von vielen Zufallsfaktoren abhängig, voller Instabilitätspunkte und immer für eine Überraschung gut. Um aus ihrem Arbeitsplatz keinen permanenten Schleudersitz zu machen, versuchen sie das Risiko zu minimieren, indem sie einen festen konstanten Maßnahmenstamm aufbauen, den sie dann immer wieder mit minimalen Abweichungen wiederholen und wiederholen und wiederholen. Von Runde zu Runde wird die Erfahrungsgrundlage breiter und die Fehlerquote nimmt ab. Bald läuft alles wie geschmiert, die Kommunikationsprofis sind auf der sicheren Seite und stehen beim Chef gut da. Auch in diesen Unternehmen gibt es Konzeptpapiere, aber die Konzepte bestehen in der Regel aus über die Jahre fortgeschriebenen Planungskonstanten, an denen manchmal nur wenig mehr als die Jahreszahlen geändert werden. Fehler! Gute Kommunikation lebt von Veränderung, von Weiterentwicklung. Kommunikation, die nicht voranschreitet, fällt automatisch zurück, verliert an Aufmerksamkeit und Faszination, wird zur Routine und Schablone. Konzepte sind keinesfalls schriftliche Bestätigungen für den Status quo, sondern überzeugende Dokumente der Veränderung. Nicht dass ständig alles über den Haufen geschmissen werden muss, auch Beständigkeit ist ein wichtiger Wert. Aber man sollte erkennen, dass gerade Kommunikation permanent weiterentwickelt und immer wieder frisch durchblutet werden muss. Gute Konzepte wirken regenerativ. Das Erfolgsgeheimnis ist, alte liebgewonnene Regeln in Frage zu stellen und behutsam neue Wege zu gehen. Ich gebe zu, es ist leichter geschrieben als getan, aber gute Kommunikation wirkt vertraut und ungewöhnlich zu gleich. Sie steckt voller Verlässlichkeiten und erfindet sich doch ständig neu.

Es gibt noch ein drittes Problem. Viele Konzepte sind nicht mehr als Verkaufspapiere für spontane Eingebungen. Man hatte eine Idee, möglichst nimmt man gleich die erste Idee, denn die ist bekanntlich die Beste. Um diese Idee herum wird das Konzept gestrickt. Nicht die Koordinaten der realen Ist-Situation bilden die Hauptbezugsgrößen des Konzepts, sondern die Anforderungen der jeweiligen Idee. Um die Idee möglichst gut herzuleiten, wird bisweilen der gesamte konzeptionelle Weg so zurechtgebogen, dass alles schnurgerade auf die Idee zuläuft. Was nicht passt, wird passend gemacht. In Unternehmen und Agenturen traf ich lange Jahre auf eine Kultur, die die Allmacht der Idee postulierte: „Schmidbauer, was willst du? Hauptsache, die Idee ist gut, dann läuft alles andere wie von selbst." – Richtig ist, dass eine gute Idee fast immer entscheidend für den Kommunikationserfolg ist. Aber genauso entscheidend ist, dass die Ideenwirkstoffe keine freischwebenden Teilchen sind, sondern das Problem direkt in Angriff nehmen und lösen müssen. Ideen sind nur Mittel zum kommunikativen Zweck und nicht eitler Selbstzweck. Folglich müssen die Kreativen seit ein paar Jahren in die zweite Reihe zurücktreten und sich der Strategie unterordnen, was ihnen bisweilen schwerfällt. Vielleicht könnte man es so zusammenfassen: Ein modernes

Kommunikationskonzept ist ein Schulterschluss aus problemorientierten Strategieentscheidungen und sinnlich fassbarer Kreation.

Ach ja, und noch eins: viele Kommunikationsleute behaupten, keine Zeit und keinen Nerv für Konzepte zu haben. Im Kommunikationsalltag muss es immer schnell und schneller gehen, und da bleibt einfach keine Zeit für konzeptionell durchdachtes Arbeiten. Von wegen! Ein Konzept braucht nicht viel Zeit. Es braucht vielmehr Entschlossenheit und den Mut, klare Entscheidungen auf lange Distanz zu treffen. Eine einsatztaugliche Konzeptskizze kann man mit etwas Übung in ein paar Stunden auf die Beine stellen. Und weil konzeptionelle Kommunikation eine spürbare Entschleunigung mit sich bringt, lohnt sich der Aufwand allemal. Wer mit Konzept kommuniziert und ein Ziel vor Augen hat, der konzentriert sich auf das Wesentliche und muss weniger Menge kommunizieren. Quantität wird durch Qualität ersetzt.

Die Grundlagen der Kommunikation

Unsere Gegenwart ist eine durch Kommunikation konstruierte Wirklichkeit, sagen die Soziologen. Sie haben Recht. Nicht die Realität ist entscheidend, sondern die Kommunikation von der Realität. Man kann das fairste Unternehmen, mit den besten Produkten und dem umfangreichsten Service vertreten, wenn die Leute draußen in Deutschland es nicht mitbekommen, oder aufgrund von Missverständnissen gar ein gegenteiliges Bild verinnerlichen, dann nützen diese inneren Werte nichts. Sie sind ungenutztes Kapital. Gutes spricht für sich? Diese alte Volksweisheit gilt in unserer reizüberfluteten Informationsgesellschaft nicht mehr. Gutes hat keine Chance und stirbt einsam, wenn es nicht professionell kommuniziert wird. Im Umkehrschluss bedeutet das auch, dass es Unternehmen und Produkte gibt, die nicht zu den Besten gehören, aber hervorragend kommuniziert werden. Sie stehen besser da und haben Erfolg. Mit gekonnter Kommunikation kann man also viel bewegen. Früher bekam ich oft zu hören, dass Kommunikation „nice to have" sei. In Krisenzeiten wurden die Kommunikationsetats als Erste gekürzt. Das hat sich geändert, immer mehr Unternehmen und Institutionen begreifen, dass gute Kommunikation in unserer modernen Gesellschaft eine Frage der Existenz geworden ist.

Bevor ich missverstanden werde, Kommunikation kann trotz allem keine Wunder bewirken. Zwar gibt es in der Branche einige Wunderprediger, die uns glauben machen wollen, dass man mit Kommunikation so ziemlich alles erreichen kann. Egal, wie schlecht das Produkt oder wie langweilig das Thema ist, durch eine knackige Inszenierung wird wie durch Zauberhand ein Knaller daraus. Dem ist aber nicht so. Wenn die Substanz nicht stimmt, kann die Kommunikation zwar Kosmetik betreiben und kurzfristig Fehler überschminken, aber die unschönen Stellen brechen eher früher als später wieder durch und wirken danach umso drastischer. Tatsache ist, dass Kommunikation fehlende Substanz nicht ersetzen kann. Wenn ich während der analytischen Arbeit zur Erkenntnis komme, dass meinem Kommunikationsobjekt eine solide Wertgrundlage fehlt, dann weiß ich, dass ich mit meinem Konzept auf verlorenem Posten stehen werde. Glaubwürdigkeit entsteht nicht durch schrille Sprüche und krassen Guerilla-Aktionen, sondern durch die Kongruenz von Handeln und Kommunizieren.

Gute Kommunikation ist wichtig, aber kein Selbstläufer. Für die Unternehmens- und Marketingkommunikation wird es immer schwerer, sich bemerkbar zu machen und in die Köpfe der Leute durchzudringen. Den Grund erleben wir täglich. Der Pegel der Kommunikation in unserer Gesellschaft steigt unaufhörlich. Um uns herum schwappt eine wahre Sintflut der Kommunikationsimpulse und der Pegelstand kennt nur noch eine Richtung: nach oben. Der Mensch hat zwar ein geniales Gehirn, ein Wunderwerk der Evolution. Dieses Gehirn hat jedoch einen kleinen, aber entscheidenden Schwachpunkt, das ist der Flaschenhals der bewussten Informationsaufnahme. Bewusst können wir nur sehr, sehr wenig aufnehmen und verarbeiten. Wenn man den Neurologen glauben darf, sind das 40 bits pro Sekunde – das entspricht der Wahrnehmung eines kurzen Satzes oder eines einfachen Bildes. Deshalb hat das Gehirn einen Selektionsmechanismus eingebaut, der unterbewusst alles aussortiert, was nicht relevant erscheint. Da können Unternehmen und Institutionen mit ihren Werbespots und Promotionsaktionen, mit ihren Pressemitteilungen und Internetbannern noch so laut um „Awareness" buhlen, wenn sie nicht punktgenau den Nerv der Leute treffen, dann interessiert sich niemand dafür.

Doch wie trifft man den Nerv? Ich wurde im Studium Ende der siebziger Jahre auf den Menschen als rational denkenden und entscheidenden Nutzenoptimierer getrimmt. Wenn der Nutzen stimmt, sagte mir der Professor, dann reagiert der Mensch fast wie beim pawlowschen Reflex. Jeder nutze seinen Vorteil, darauf könne man bauen, davon war mein Professor überzeugt. Bis weit in die neunziger Jahre prägte dieses Bild meine Konzeptionsarbeit. Heute weiß ich, dass dieses Bild schlicht und einfach falsch war. Der Nutzenoptimierer – für die Lateiner „homo oeconomicus" – diente in Wirklichkeit nur als Modell zur Rechtfertigung von wirtschaftlichem und gesellschaftlichem Handeln, mit der Realität hatte das nichts zu tun. Er wurde über Jahrzehnte erfolgreich kommuniziert (!) und bestimmte das Handeln fast aller Akteure.

Meine Kommunikationskonzepte waren in der Folge oft zu kopflastig und zu wenig offen für die emotionalen Aspekte der Zielgruppenansprache. Seit einigen Jahren habe ich den Standpunkt gewechselt und gehe in meinen Konzepten von emotional geprägten Menschen und Gruppen aus. Und siehe da, die Ansprache funktioniert wesentlich besser.

Der Mensch wird zu einem hohen Prozentsatz von seinem Unterbewusstsein gesteuert, der wie ein Autopilot funktioniert. Das Unterbewusstsein, mit Milliarden von assoziativen Erfahrungsmustern in Bereitschaft, trifft beständig in jeder Situation des Lebens Vorhersagen, was als Nächstes geschieht. Treffen die Vorhersagen ein, geht es automatisch weiter. Gewohntes, Normales und Konventionelles bleibt nicht im Gedächtnis hängen. Erst wenn etwas passiert, was anders ist und aus dem Rahmen der Vorhersage fällt, dann wird das Bewusstsein zugeschaltet. Kommunikation, die lediglich Gewohntes reproduziert, die auf gängigen Assoziationen und generischen Begriffen aufbaut, die hat keine Chance. Ausreichend „merk-würdig" ist nur, was aus dem Rahmen fällt und eine Idee anders ist. Erfolgreiche Kommunikation ist kontrollierte Abweichung von der Norm.

Damit nicht genug, das Ungewöhnliche muss zugleich auch sinnlich fassbar transformiert und transportiert werden. Denn, wie bereits erwähnt, unser Gehirn steckt voller assoziativer Muster, die in Bruchteilen von Sekunden aufgerufen und verkettet werden. Alle Muster basieren auf Bildern, alle Verkettungen sind episodisch. Darum berührt Kommunikation umso intensiver und dauerhafter, je direkter sie die Sinne anspricht, je klarer sie mit Bildern und Geschichten arbeitet. Alles andere kann man im wahrsten Sinne des Wortes vergessen. Wer nicht emotional stimuliert und emotional berührt, der läuft ins Leere.

Auch auf die Gefahr hin, mich zu wiederholen: Erfolgreiche Kommunikation ist immer (ausnahmslos immer!) emotional. Emotion ist wie ein Vergrößerungsglas. Sie kann selbst kleine Dinge ins Riesige vergrößern. Emotion ist das zentrale Aktivierungssystem der Menschen. Die emotionale Seite der Kommunikation muss also im Konzept stets mitgedacht werden. Das gilt auch, wenn es sich um die Ansprache von Politikern oder Unternehmensvorständen handelt. Die würden es zwar nicht zugeben, aber sie reagieren oft noch stärker über den Bauch als Otto Normalbürger. Manche Wissenschaftler behaupten sogar, dass Rationalität in Wirklichkeit nichts anderes als ein vorgeschobenes Erklärungsmuster für emotionales Handeln ist.

Kommunikation ist immer auch soziale Interaktion und muss Ausdruck sozialer Wertschätzung sein. Es gelten die sozialen Regeln, kein Unternehmen, keine Institution kann sich darüber hinwegsetzen. Das heißt, die Unternehmens- und Marketingkommunikation muss sich fair und konsistent verhalten, sie darf nicht mit falschen Karten spielen, sonst verliert sie Respekt und Reputation. Daran halten sich manche Unternehmen und Institutionen nicht. Im sozialen Sinne scheinen sie wie Autisten oder Psychopathen zu agieren. Ich empfehle, das Verhalten einiger Konzerne in die vertrauten Sphären des privaten Bekannten- und Freundeskreises zu übersetzen. Wie würde ein vergleichbar inkonsistentes Verhalten im eigenen sozialen Netzwerk ankommen?

Durch die aktuellen Entwicklungen steigen die Kommunikationsanforderungen und werden immer komplexer. Die Kommunikationsbranche hat darauf mit einer Ausdifferenzierung der Kommunikationsarbeit reagiert. Neue Kommunikationsfacetten entstehen, die punktgenaue Kommunikationsaufgaben erfüllen. Für die neuen Facetten werden klangvolle neue Namen gefunden wie „Issue Management", „Social Media", „Chance Communications" oder „Corporate Citizenship". Durch den Facettenreichtum gewinnt für mich eine uralte Grundregel enorm an Bedeutung: Der Mensch nimmt die Kommunikation immer als Ganzes wahr. Je größer das Orchester der Kommunikation wird, desto mehr Gewicht bekommen die Rolle des Dirigenten und die Stimmigkeit der Partitur, ansonsten würde alles in Kakophonie enden. Aus diesem Grund haben die teilweise ziemlich eindimensionalen Sichtweisen von Werbung und PR in der Kommunikation der Zukunft keine Chance mehr. Mit einer klassischen Werbekampagne allein ändert man kein Image mehr. Professionell organisierte Pressearbeit allein schafft nicht genügend öffentliche Präsenz. Es geht nur gemeinsam. Das moderne Konzept verweigert sich den Schubladen und verbindet die Einzeldisziplinen zum großen Orchester der Kommunikation. Das Kommunikationskonzept ist zukünftig einzig der durchgreifenden Problemlösung verpflichtet.

Überhaupt werden gerade viele alte Wahrheiten und Machtverhältnisse der Kommunikationsbranche über den Haufen geworfen. Denn mit dem Internet öffnet sich eine ganz neue Galaxie der Kommunikation. Alle Grenzen sind aufgehoben. Medien wie Fernsehen, Radio oder Printmagazine werden über kurz oder lang mit dem Internet verschmelzen und ihre alte Form verlieren. Die Medienbranche wehrt sich zwar vehement dagegen (schließlich geht es nicht nur um Medien, sondern auch um Märkte und damit um viel Geld), aber die Verhältnisse sind schon ins Rutschen geraten und nichts kann sie mehr aufhalten. Medien und Kommunikation befinden sich in einem tiefgreifenden Wandel. Die Anforderungen steigen. In dieser Situation wäre Kommunikation ohne Konzeption grob fahrlässig. Die Herausforderungen der Zukunft sind nur zu bewältigen, wenn wir mit systematischen Konzepten in die Zielgruppenansprache gehen, wenn wir lernen, unsere Kommunikationsaktivitäten langfristig und umsichtig zu planen.

Die Definition des Konzepts

Wenn ich bisweilen aufgefordert werde, mit einem Satz zu erklären, was ein Konzept ist, dann antworte ich prompt: „Ein Konzept ist, dass man denkt, bevor man lenkt." – In meinen Vorlesungen an der Hochschule formuliere ich es etwas genauer: „Das Kommunikationskonzept nimmt auf Basis einer gründlichen Analyse mit klar strukturierten strategischen Entscheidungen Kurs auf eine angestrebte Problemlösung". Eigentlich logisch! Wer mit Konzept arbeitet, der legt nicht einfach spontan los und schüttelt einen Einfall aus dem Ärmel. Er hält erst einmal inne, tritt zurück, betrachtet die Lage der Dinge aus der Distanz und analysiert, was er sieht. Aufgrund der Lageeinschätzung legt er im nächsten Schritt die strategischen Koordinaten fest. Erst danach kommen die kreativen Ideen und konkreten Maßnahmen ins konzeptionelle Spiel. Sie werden entlang der Strategiekoordinaten geordnet und miteinander verknüpft. Eine solche systematische Planungsweise sollte Grundlage für jedes kommunikative Handeln sein.

Vom Grundverständnis her ist ein Kommunikationskonzept ein strategischer Entwurf. Ich als Konzeptioner bin in diesem Sinne der Architekt der Kommunikation – und keinesfalls der Handwerker. Es kommt beim Entwurf nicht auf kleine Details an. Präzise Umsetzungsplanung spielt noch keine Rolle. Das Konzept konzentriert sich auf die Konstruktion der grundlegenden und tragenden Teile des kommunikativen Gebäudes.

Das weite Feld der Kommunikation ist unbeständig, komplex und immer für eine Überraschung gut. Da hilft nur ein durchdachtes Konzept. Es zieht Richtschnüre mitten ins unübersichtliche Gelände, an denen sich die Kommunikation später in der Umsetzung orientieren kann. Die **Konzeptionsmethodik** beinhaltet die für das Richtschnurziehen notwendigen Regeln und Werkzeuge. In den nächsten Kapiteln des Buches stelle ich Schritt für Schritt den Einsatz der Regeln und Werkzeuge dar. Meine Darstellungen basieren ausschließlich auf praxiserprobten Erfahrungswerten. Alle Schritte habe ich im Konzeptionsalltag unzählige Male eingesetzt und weiterentwickelt. Allen, die in die Konzeption einsteigen, rate ich dringend, sich anfangs eng an die Methodik zu halten. Erst mit zunehmender methodischer Fertigkeit darf man sich dann die eine oder andere konzeptionelle Freiheit erlauben.

Die Methodik ist wichtig, allerdings ist ein methodisch richtiges Konzept nicht automatisch auch ein gutes Konzept. Zusätzlich braucht es eine gehörige Prise **Intuition**. Jeder von uns hat das dazu nötige Einfühlungsvermögen parat, denn schließlich kommunizieren wir ununterbrochen von der ersten Sekunde unseres Lebens an. „Man kann nicht nicht kommunizieren!" sagte Paul Watzlawick ganz richtig. Über die Jahre hat sich jeder einen enormen kommunikativen Erfahrungsschatz angeeignet. Man ist ein versierter Kommunikationsexperte im Zwischenmenschlichen geworden und kann diesen Schatz durchaus auch für die institutionelle Kommunikationsarbeit nutzen. Keine Angst! Zwischenmenschliche und institutionelle Kommunikation unterscheiden sich nicht grundlegend. Mit der nötigen Vorsicht lassen sich private Erfahrungswerte auf die institutionelle Kommunikation hochskalieren. Ich nutze die methodischen Werkzeuge, höre aber zugleich stets auch auf meine Intuition. Auf die richtige Balance kommt es an, damit schlagkräftige Kommunikationskonzepte entstehen.

Eine dritte Zutat gehört neben Methodik und Intuition auf jeden Fall zum Rezept eines guten Konzeptes. Das ist die **Kreativität**. Kreativität stellt sicher, dass Kommunikation nicht in ausgefahrenen Bahnen stecken bleibt, sondern eine eigene unverwechselbare Linie entwickelt, die herausragt und sich einprägt. Kreativität ist die Kraft, die jeder Kommunikationskampagne Ausstrahlung gibt. Ohne Kreativität wirkt ein Konzept immer irgendwie seelenlos und blutarm.

Jeder Arbeitsschritt des Konzeptes kennt nur eine Zielrichtung – nämlich das anstehende Kommunikationsproblem zu lösen. Trotz aller Kreativität ist Konzeption also keine freie Kunst, sondern ohne Wenn und Aber der **Problemlösung** verpflichtet. In jeder Sekunde und mit jeder Faser des Konzeptes muss an der Lösung gearbeitet werden.

Besagte konzeptionelle Problemlösung überzeugt durch ihre **Einfachheit**. Je komplexer das Problem, desto einfacher und schlüssiger sollte sich die Lösung entwickeln. Kurz gesagt: Die Kunst der Konzeption liegt in der Reduktion. Der Weg zum einfachen Konzept mag im Einzelfall steinig sein und über viele Stationen laufen, die Anstrengungen darf man dem fertigen Konzept aber keinesfalls ansehen. Im Gegenteil! Es liest sich geradezu genial einfach. Diejenigen, die über das Konzept entscheiden und es umsetzen, verstehen sofort, worum und wohin es geht. Alle können die konzeptionelle Schrittfolge vor ihrem geistigen Auge nachvollziehen: Das passt!

Praktikabilität gewinnt ein Konzept, wenn es sich nicht am theoretisch Optimalen, sondern am praktisch Machbaren orientiert. Es entwickelt einen Lösungsweg, den alle beteiligten Akteure in der zur Verfügung stehenden Zeit mit den vorhandenen Ressourcen bewältigen können. Ein Konzept darf nie über das Ziel hinausschießen und die Akteure überfordern, denn dann landet es unausweichlich in der Versenkung.

Die Struktur des Konzepts

Zur Strukturierung von Kommunikationskonzepten wurden in den letzten Jahren ganz unterschiedliche Modelle entwickelt. Die Stationen auf dem methodischen Weg variieren, jeder wandelt die Schrittfolge ein wenig ab und sucht seine eigene individuelle Gangart. Da gibt es das „9-Phasen-Modell" des PR-Kollegs oder die „7-Stufen-Rakete" von Klaus Dörrbecker und vieles mehr. Schaut man sich die gängigen Modelle näher an, dann fällt auf, dass sie alle auf der gleichen elementaren Vorgehensweise basieren. Jedes moderne Kommunikationskonzept ist in seinem Ursprung immer ein Viersprung aus Analyse, Strategie, Kreation und Operation.

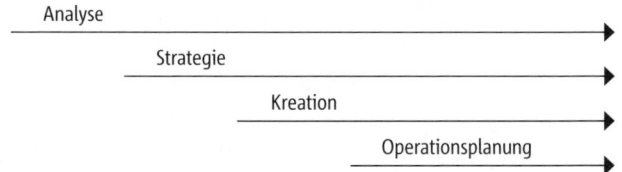

Mit jedem Kommunikationskonzept extrapoliert man die Fakten und Erfahrungen der gegenwärtigen Situation in die Zukunft. Das ist eine fragile Sache mit vielen Unwägbarkeiten. Damit dennoch ein gangbarer Weg in die Zukunft entsteht, muss man alle maßgeblichen Bestimmungsfaktoren der Gegenwart kennen und einschätzen. Aus diesem Grund steht am Anfang jedes Konzepts eine gründliche Analyse. Ausgehend von der Richtgröße der Problem- und Aufgabenstellung wird der Stand der Dinge zum gegenwärtigen Zeitpunkt recherchiert und analysiert. Das Ziel ist eine möglichst hohe Transparenz. Die analytische Arbeit kann je nach Problemstellung viel Zeit und Aufwand kosten, aber es führt kein Weg daran vorbei. Denn wer später in der strategischen Konzeptionsphase den Kurs im Blindflug zu bestimmen sucht, der stürzt mit hoher Wahrscheinlichkeit ab.

Vor allem, wenn Kommunikationsverantwortliche schon länger in ihrer Materie arbeiten, meinen sie, sich den analytischen Teil sparen und gleich mit der Strategie beginnen zu können: „Wir wissen doch, wo wir stehen!" – Das ist ein Trugschluss! Alles fließt – und zwar schneller als man denkt. Da die Verhältnisse heutzutage flüchtig und instabil sind, kann es quasi über Nacht zu neuen Relationen und Konstellationen kommen. Deshalb muss die Analyse stets topaktuell auf der Höhe der Zeit sein. Ich für meinen Teil entwickle kein Konzept ohne sorgfältige Analyse, sie ist für mich unersetzlich.

Danach folgt die strategische Phase des Konzepts. Während der Konzeptionsverantwortliche in der Analyse noch gehalten ist, neutral und unvoreingenommen an die Arbeit zu gehen, muss er jetzt Farbe bekennen und sich festlegen. Auf Basis der Erkenntnisse der Ist-Situation werden die notwendigen Entscheidungen für die Zukunft getroffen. Da Konzeption, wie bereits erwähnt, Veränderung bedeutet, sind in dieser Phase durchaus weitreichende Entscheidungen erforderlich. Um lediglich den Status quo nahtlos fortzusetzen, bräuchte es kein Konzept. Das Streben der Strategie ist es, den Kommunikationsprozess unter Kontrolle zu bringen und deshalb bestimmt die Strategie alle maßgeblichen Prozessfaktoren: Zielgruppen, Zielsetzung, Positionierung, Dachbotschaften und so weiter. Es geht in dieser konzeptionellen Phase nur um die richtungweisenden „Landmarks" entlang des Prozessweges. Die Strategie gibt damit einen fest umrissenen Orientierungsrahmen für die anschließenden Maßnahmen vor, begibt sich aber selbst an keiner Stelle in den konkreten Kontext der Maßnahmenplanung.

Der dritte Konzeptionsschritt ist eigentlich ein riesengroßer Sprung. Denn eine gelungene Kreation bringt jedes Konzept gewaltig nach vorne. In der kreativen Phase wird über die Leitideen der grafischen und textlichen Gestaltung nachgedacht. Wie übersetzt man die Intentionen der Strategie in einprägsame Bilder, Slogans und Storys? Wie schafft man es, in den Köpfen der Zielgruppe auch in Zeiten der Kommunikationsüberflutung sinnlich fassbare Anker zu werfen? Die Ideen der kreativen Phase prägen später die gesamte Kommunikationsarbeit. Je stärker ihre Zugkraft, desto größer die Resonanzchancen. Bleibt man in der Kreation dagegen auswechselbar und banal, dann ist die spätere Umsetzung nur ein Schatten ihrer selbst.

Die operative Umsetzungsplanung schließt sich als vierter und letzter Konzeptionsschritt an. Sie beschreibt den optimalen Einsatz der Mittel und Maßnahmen im vorgegebenen Planungszeitraum. Die Strategie hat die große Linie zum Ziel vorgegeben und die Maßnahmen formieren sich entlang dieser Linie. Die Maßnahmen ordnen sich unter, sie sind die Mittel zum strategischen Zweck. Ihr Zweck ist es, alle Probleme zu lösen und mit möglichst geringem Mittelaufwand das vorgegebene Ziel zu erreichen.

Die Entstehung eines Konzepts

Wie viel Zeit braucht man für ein Konzept? Das kommt ganz darauf an. Bei überschaubaren Problemfällen benötige ich, wenn alle Fakten auf dem Tisch liegen und ich sofort in die Analyse einsteigen kann, rund ein bis zwei Tage. An mittleren Konzepten arbeite ich bis zu einer Woche, mein Rekord liegt bei einem Monat Arbeitszeit, aber das war eine seltene Ausnahme. Für die eigentliche Konzeptionsarbeit gilt die Devise: Hohe Konzentration! Ich empfehle, das Konzept an einem Stück in einer Art Klausur durchzuziehen, möglichst nicht ständig unterbrochen von Anrufen, Sitzungen und anderen Alltagsroutinen. In das Konzept einsteigen und sich hinein versenken, ohne Unterbrechung und Ablenkung durcharbeiten – nichts ist der Qualität eines Konzepts dienlicher. Auch rate ich vom großem Aufwand bei der Konzept-entwicklung ab. Ich kenne Unternehmen, die zum Zwecke der Konzeption einen eigenen Lenkungsausschuss gründen, der sich dann in einem monate-langen Hickhack mit unzähligen Abstimmungsrunden durch die konzeptio-nelle Schrittfolge kämpft. Das Konzept wird dadurch nicht besser, sondern fast immer schlechter. Schnelle, schlanke Konzeptionsprozesse versprechen einen weit größeren Erfolg.

Man sollte sich auf jeden Fall vorher einen groben Zeitplan für die Entwick-lung des Konzepts aufstellen – vom ersten Briefinggespräch bis zur Präsenta-tion der Arbeitsergebnisse. So weit möglich, sollte der Plan eingehalten wer-den. Gefährlich ist es, erst „auf den letzten Drücker" in Schwung zu kommen, denn das geht erfahrungsgemäß zu Lasten der Qualität.

Die Hälfte meiner Konzepte entsteht in Gruppenarbeit, die andere Hälfte neh-me ich als Einzelkämpfer in Angriff. Beides hat seine Vor- und Nachteile. Als Einzelkämpfer kann man die Richtung bestimmen und ohne Störungen auf das Ziel zuarbeiten. Allerdings übersehen Einzelkämpfer allzu leicht wichtige Faktoren entlang des Weges. Bisweilen bleibt bei ihnen an kritischen Stellen auch der Kopf leer und nichts geht mehr. In der Gruppenarbeit gibt es solche Blockaden nur selten. Vielen Köpfen fällt in der Regel wesentlich mehr ein als einem allein. Allerdings muss dazu die Chemie der Gruppe stimmen. Falls es Bedenkenträger oder Profilneurotiker in der Gruppe gibt, dann kann das den konzeptionellen Arbeitsprozess bis zum Stillstand abbremsen. Es empfiehlt sich, schon vor dem Start zu entscheiden, ob das Konzept im Alleingang oder im Teamwork entstehen soll.

Überblick. Grundlagen von Kommunikation und Konzeption

1. **Sich unterscheiden** – In Zeiten der uferlosen Kommunikationsüberflu-tung können Sie sich nur durchsetzen, wenn sich Ihre Kommunikation mit aller Entschlossenheit vom Gewohnten unterscheidet. Gute Kommu-nikation ist kontrollierte Abweichung von der Norm.

2. **Auf Veränderung setzen** – Konzept ist gleichbedeutend mit Veränderung. Deshalb brauchen Sie nicht gleich alles über den Haufen zu werfen. Es kommt darauf an, mit Augenmaß die Richtung zu ändern und neue Wege zu gehen.

3. **Mit Gefühl kommunizieren** – Egal welche Zielgruppe Sie ansprechen, sie ist immer stark emotional gesteuert. Deshalb muss Ihr Konzept die emotionale Ebene der Kommunikation mitdenken. Gute Kommunikation fühlt sich echt und reizvoll an.

4. **Soziale Kompetenz beweisen** – Da Kommunikation ein sozialer Prozess ist, sollten Sie sich an die Regeln halten. Nur wenn sie konsistent kommunizieren, bauen Sie bei den Zielgruppen Glaubwürdigkeit und Vertrauen auf.

5. **In Bildern und Geschichten denken** – Das Gehirn braucht eine sinnesstarke Ansprache, die assoziativ gut fassbar und episodisch angelegt ist. Je besser sich die Zielgruppe ein Bild machen kann, desto größer sind die Resonanzchancen.

6. **Immer aufs Ganze gehen** – Ihr Konzept bezieht das gesamte moderne Kommunikationsspektrum ein und setzt aus der großen Palette genau die Instrumente ein, die optimal zur Problemlösung beitragen.

7. **Mit System konzipieren** – Ihr nächstes Kommunikationsproblem gehen Sie mit Konzept an. Sie entwickeln auf Basis einer gründlichen Analyse die zentralen strategischen Leitlinien, in die dann adäquate Kommunikationsmaßnahmen eingepasst werden.

01
Lücken entwickeln heraus neue
Arbeit SWOT-Analyse Fragen
Hintergrund Unternehmens fest möglich
Fall Kommunikation Zeitpunkt
Fakten
Organisation gehe Wer zwei z.B
Vorrecherche Soll-Seite liegt kommt
schriftlichen Brücke
Ist-/Soll-Brücke steht
ganz liegen gibt
Schwächen
Ende Punkt Ist-Situation Beispiel
Faktenspiegel schriftliche Zielgruppe Falls
Cluster Konkurrenz bringt Thema
Briefinggespräch Aufgabe
gesamten Internetrecherche internen Richtung
viele sollten SWOT interne läuft
entwickelt Briefings deshalb
draußen ordne Umfeld Konzept Rebriefing schaue mehr sogar
offenen Gespräch
geblieben immer mündlichen
stellt lege Gesprächspartner Chance
direkt Briefing dennoch externen
offen kommen
Stärken neuen
Kommunikationsobjekt
Bevor neu Material KMUs
später Unternehmen
Chancen Kunden versuche bleibt Internet
schon Recherche Frageliste
Punkten zusammen methodische Faktor Regel
Informationen wichtig
Schreibtisch
erste relevanten strategische Risiken
erst Faktoren
halte Markt lese Konsequenzen bleiben
vier fast Aufgabenstellung wichtigen
ab richtig Sammlung
Seiten Zukunft Zeit Briefingpapier fehlen sicher
Vorgaben nehme Auftraggeber
zurück überprüfen
Perspektive daraus müssen Tisch
Analyse Strategie strategisch
Problem

Phase 01.
Das analytische Radar

Analyse sorgt für Klarheit

Am Anfang jedes Kommunikationskonzepts steht die analytische Durchdringung der Ist-Situation. Bei meinen Konzepten ist die Analyse im Vergleich zu den anderen konzeptionellen Arbeitsgängen häufig am zeitaufwendigsten. Bei neuen Themen und komplexen Problemsituationen fließt schon mal bis zu 50% der gesamten Konzeptionszeit nur in diesen ersten Arbeitsteil. In komplizierten Einzelfällen sogar noch mehr. Umso erstaunlicher ist es für mich, dass viele Agenturen und Kommunikationsverantwortliche in Unternehmen die Analyse vorzugsweise auf ein Minimum verschlanken. Zur Begründung heißt es dann zumeist: „Wir kennen die Ist-Situation wie unsere Westentasche. Da brauchen wir nicht groß zu analysieren." – Diese Selbstsicherheit stellt sich fast immer als Trugschluss heraus. Klar, man hat eine Vorstellung im Kopf. Aber man sollte vorsichtig sein, das eigene subjektive Bild hat nur bedingt mit den tatsächlichen Verhältnissen zu tun. Ich empfehle dringend, dass sich alle Beteiligten von ihren Erfahrungsschablonen lösen, von vorne anfangen und unvoreingenommen und neutral in die Analyse gehen. Auch wer meint, bereits tief im Thema zu stecken, sollte sich trotz allem den gesamten Horizont der Ist-Situation noch einmal neu erschließen.

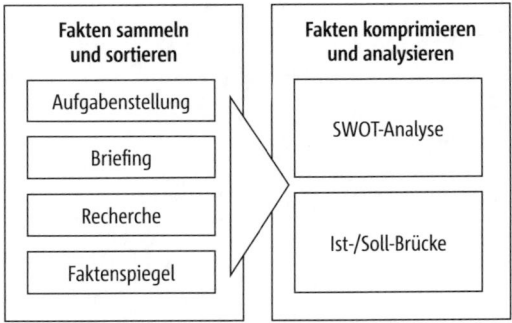

Die Analyse bringt Ordnung in das Bild und reduziert die Komplexität der Ist-Situation. Sie unterteilt sich in zwei große Arbeitsschritte. Im ersten Teil werden die notwendigen Daten, Fakten und Hintergrundinformationen gesammelt und strukturiert geordnet. Im zweiten Teil kommt es darauf an, die gesammelten Fakten zu komprimieren, zu bewerten und Zusammenhänge sichtbar zu machen.

Zuerst fixiert der Auftraggeber die Problem- und Aufgabenstellung und arbeitet sie danach in einem Briefing weiter aus. Das Briefing enthält alle für die Aufgabenbearbeitung notwendigen Informationen. Man darf sich aber keinesfalls allein auf die Briefing-Angaben des Auftraggebers verlassen, denn der hat nicht selten einen Tunnelblick mit eingeschränktem Gesichtsfeld. Daher gilt es, in einer direkt anschließenden Recherche die Angaben durch das Sammeln von zusätzlichen Informationen aus unabhängigen Quellen zu ergänzen und zu überprüfen.

Im Rahmen von Briefing und Recherche sammelt sich bei mir normalerweise ein großer Stapel an Informationen an. Die Informationssammlung liegt auf meinem Schreibtisch parat. Als nächstes greife ich mir diese Sammlung und nehme sie kritisch unter die Lupe. Ich filtere alle aufgabenrelevanten Fakten heraus und stelle sie in einem Faktenspiegel übersichtlich zusammen.

Mein Faktenspiegel ist in der Regel mehrere Seiten lang. Da steckt alles drin, worauf es ankommt, der Spiegel ist ein verdichtetes Extrakt der Ist-Situation. So ein Faktenspiegel liest sich aufschlussreich, ist aber dennoch zu komplex für die strategische Weiterbearbeitung. Um eine handliche Strategiebasis abzusichern, müssen die Fakten weiter reduziert und in einem Analysemodell wie der SWOT-Analyse auf den entscheidenden Punkt gebracht werden. Die systematisch zusammengestellte SWOT liefert ein charakteristisches Profil der Ist-Situation auf nur einem einzigen Blatt Papier. Sie gibt eine knappe klare Antwort auf die Frage: Wer sind wir und wo stehen wir? Welche signifikanten Faktoren bestimmen unseren internen und externen Status zum gegenwärtigen Zeitpunkt?

Anschließend fehlt nur noch die Ist-/Soll-Brücke als letzter Arbeitsschritt der Analyse. Die Brücke markiert bereits den Übergang zur Strategie, zur einen Hälfte stehen ihre Pfeiler noch auf dem Boden der Analyse zur anderen Hälfte reichen sie bereits hinüber auf das Terrain der Strategie. Die Brücke macht Zusammenhänge, Beziehungen der SWOT-Faktoren deutlich und entwickelt daraus mögliche strategische Konsequenzen.

In der gesamten Analysearbeit versuche ich stets eine goldene Regel einzuhalten: Eine solide Analyse bleibt wertfrei und bewahrt neutrale Distanz. Ich darf mich zu diesem frühen Zeitpunkt keinesfalls festlegen. Ich treffe keinerlei Vorentscheidungen. Frühe Urteile sind häufig Vorurteile, die das analytischen Resultat verzerren und die anschließende Strategie vom Kurs abbringen können.

Die Aufgabenstellung

Ursprung jeden Konzepts ist ein drängendes Kommunikationsproblem. Mag sein, in einem Verein geht die Zahl der Mitglieder zurück, das nagelneue Produkt eines Unternehmens soll in den Markt gebracht werden oder die Bundesregierung hat ein erklärungsbedürftiges Gesetz verabschiedet und will die Bürgerinnen und Bürger darüber aufklären. Aus dem jeweiligen Problem entwickelt sich ein konkreter Handlungsbedarf. Dieser Handlungsbedarf wird in eine Aufgabenstellung für die Kommunikation übersetzt und konkretisiert.

Ohne eine feste Aufgabenstellung fange ich nie mit der konzeptionellen Arbeit an. In der Regel bekomme ich meine Aufgaben direkt vom Auftraggeber ins Pflichtenheft geschrieben. Er schildert seine Probleme und leitet den daraus resultierenden Auftrag ab. Die Aufgabenstellung ist so etwas wie mein „Marschbefehl".

Eine optimale Aufgabenstellung ist in ihrer Schriftform nur wenige Zeilen lang und zum Beispiel in einem Sachbericht oder einem Briefingpapier festgehalten. Sie besteht im Idealfall aus folgenden Punkten:

› **Die Lage** – Es wird kurz und knapp die Ausgangslage extern am Markt und intern im Unternehmen charakterisiert – z. B.: „Mit der Martex AG ist ein neuer Mitbewerber in unseren regionalen Markt eingetreten, der vor allem ältere Zielgruppen anspricht. Als Folge gingen in der letzten Periode die Umsätze des Sortimentsbereichs 50plus spürbar zurück."

› **Das Problem** – Aus der beschriebenen Lage leitet sich die resultierende Problemstellung ab. – z. B.: „Wir verlieren fast täglich Stammkunden und gewinnen kaum noch Neukunden aus dem Segment 50plus."

› **Die Aufgabe** – Die Problemstellung wird in eine oder mehrere Aufgaben übersetzt – z. B.: „Ihre vorrangige Aufgabe ist eine bessere Bindung der älteren Kundengruppen und die Rückgewinnung schon verlorener Kunden."

› **Die Prämissen** – Falls es für die Aufgabenstellung elementare Voraussetzungen gibt, dann sollten diese sofort definiert werden – z. B.: „Ihre Maßnahmen müssen unbedingt schon vor der großen Seniorenmesse im Herbst greifen."

Manche Auftraggeber stecken so tief in ihren Problemen, dass sie den Überblick verlieren. Sie sind nicht in der Lage, die Aufgabenstellung richtig auf den Punkt zu bringen. Die von ihnen formulierte Aufgabe wirkt schwammig oder kurzsichtig. Von einem eindeutigen „Marschbefehl" kann nicht die Rede sein. Im Laufe der Analyse ist diese wacklige Aufgabenstellung zu überprüfen und schärfer zu ziehen. Allerspätestens zu Beginn der strategischen Arbeit muss sie dann auf den Punkt kommen. Dabei ist es durchaus erlaubt, am Ende der Analyse die Aufgabenstellung zu ändern. Aber dazu später mehr.

Die Problem- und Aufgabenstellung bestimmt den Ursprungspunkt für die gesamte konzeptionelle Arbeit. Alle Ideen, Strategien und Planungen entwickeln sich von diesem Punkt aus. Dieser Ursprung darf in keiner Phase der Konzeption aus den Augen und aus dem Sinn geraten.

Der Nano-Fall. Aufgabenstellung

› **Situation:** Nano-Technologie gilt in Deutschland als eine der zukunftsträchtigsten Forschungsfelder. Die Forschung im Bereich der kleinsten Teile geht mit großen Schritten voran. Die vielseitigen Umsetzungsmöglichkeiten in konkrete Anwendungen macht Nanotechnologie für die Wirtschaft besonders interessant.

› **Absender:** Die TU Berlin gehört mit 28.000 Studenten zu den großen Universitäten in Deutschland. In ihrer öffentlichen Darstellung stellt die Uni mehrere Themenfelder für die interdisziplinäre Forschung heraus. Der Bereich Nano überzeugt durch richtungweisende Leistungen, gehört aber noch nicht zu den Schwerpunktthemen.

› **Problem:** Die Projekte und Leistungen im Bereich der Nano-Technologie der Technischen Universität Berlin sind kaum bekannt.

› **Aufgabe:** Die Nano-Technologie der TU Berlin ist bei klein- und mittelständischen Unternehmen bekannt zu machen und ins Gespräch zu bringen.

› **Prämissen:** Die Aufgabe soll schnell angegangen werden und sich auf die Region Berlin-Brandenburg konzentrieren.

Das Briefing

Unter Briefing versteht man die zielgerichtete Instruktion über alle Daten, Fakten und Einflussgrößen, die für die Lösung der gestellten Aufgabe relevant sind. Jedes Konzept kann nur so gut sein wie das Briefing. Darum sollte man von Anfang an auf Gründlichkeit achten. Kernstück der Briefingaktivitäten ist die Verbindung von schriftlichem Briefing und anschließendem Briefinggespräch. Da die Kommunikationsflut immer höher schwappt und die Problemsituationen immer komplexer werden, braucht es den gekonnten Doppelpass von schriftlichen Grundlagen und mündlichen Vertiefungen, um dem Konzept eine tragfähige Grundlage zu geben.

Das schriftliche Briefing kommt immer im zeitlichen Vorlauf zum mündlichen Briefing und wird vom Auftraggeber zusammengestellt. Die schriftliche Form ist existenzwichtig, weil ausformulierte Briefings mehr Struktur und Substanz als mündliche Aussagen haben. Außerdem gibt mir die Schriftform die Sicherheit, dass hinterher niemand felsenfest behaupten kann, dass er das so nie gesagt habe. Viele Auftraggeber scheuen sich vor einer schriftlichen Ausarbeitung mit dem Argument, es fehle ihnen die Zeit. In diesen Fällen lasse ich nicht locker, werde manchmal sogar penetrant und bestehe auf der Schriftform. Ich erkläre, dass der Begriff „Briefing" aus dem Englischen von „kurz" kommt. Ein gutes Briefing ist keine lange Abhandlung, sondern ein Konzentrat der relevanten Fakten. Oft reicht schon eine Seite völlig aus. Die Grenze nach oben liegt für mich bei etwa fünf Seiten, alles was darüber hinausgeht, ist kein klassisches Briefing mehr. Und weil ein gutes Briefingpapier kurz ist, braucht man für das Schreiben nicht so fürchterlich viel Zeit. Sollte ich mit meinem Werben um ein schriftliches Briefing dennoch keinen Erfolg haben, dann tippe ich das Briefingpapier kurzerhand selbst und lege es meinem Auftraggeber zur Bestätigung vor. Ohne schriftliches Briefing läuft bei mir nichts.

Bei der Briefingerstellung innerhalb einer Organisation ist es ratsam, das Papier mit den verantwortlichen Vorgesetzten und tangierenden Abteilungen des Hauses abzustimmen. Das Briefing sollte einen allgemein anerkannten Status haben, bevor die eigentliche Arbeit am Konzept beginnt.

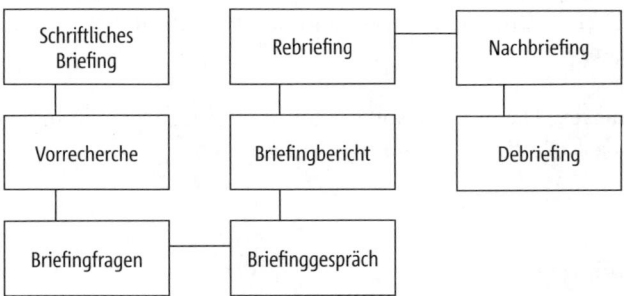

Das schriftliche Briefing liegt vor. Ich lese es gründlich und das mehr als einmal. Ich zerlege es in seine Bestandteile und lese zwischen den Zeilen. Ich hole wirklich alles raus, was drinsteckt. Auf einem Notizblatt schreibe ich alle relevanten Fakten des Briefings zusammen und ordne sie. Ich überprüfe die Sammlung der Briefingfakten und halte die kritischen Stellen fest:

› **Wo sind Lücken im Briefing?** Es fehlen aufgabenrelevante Fakten oder Hintergrundinformationen.

› **Welche Faktenbereiche sind nur unvollständig behandelt?** Bestimmte Informationen wurden zwar erfasst, aber bleiben wage und nur schwer zu verstehen.

› **Wo sind Widersprüche erkennbar?** Die Fakten sind vorhanden und verständlich, aber dennoch sagt einem das Bauchgefühl, dass da irgendetwas nicht stimmt.

> **Welche Aussagen können essentiell wichtig werden?** Schlüsselaussagen, die für das Konzept fundamental werden könnten, sollten auf jeden Fall vertieft und gut ausgeleuchtet werden.

In direktem Anschluss startet meine Vorrecherche. Bevor ich das vertiefende Briefinggespräch mit meinem Auftraggeber suche, reduziere ich durch eine kurze Vorrecherche die offenen Fragen, verbessere meinen Wissensstand und steige tiefer ins Thema ein. Die Vorrecherche läuft fast ausnahmslos über das Internet. Sie dauert eine knappe Stunde, mehr nicht. In dieser Zeit lassen sich viele wertvolle Anhaltspunkte sammeln und einige der offenen Fragen beantworten. Andere Fragen bleiben vakant und gewinnen vielleicht sogar noch an Brisanz. An diesen Punkten muss ich später im Gespräch ansetzen und nachfragen.

Ich stelle alle offenen Briefingfragen in einer schriftlichen Liste zusammen. Welche Fragenkomplexe sollten im Rahmen des Briefings abgeklärt werden? Der untenstehende Briefingkompass gibt Hilfestellung bei der Zusammenstellung der Fragen. Er bildet alle relevanten Komplexe im Überblick ab und erleichtert die Orientierung:

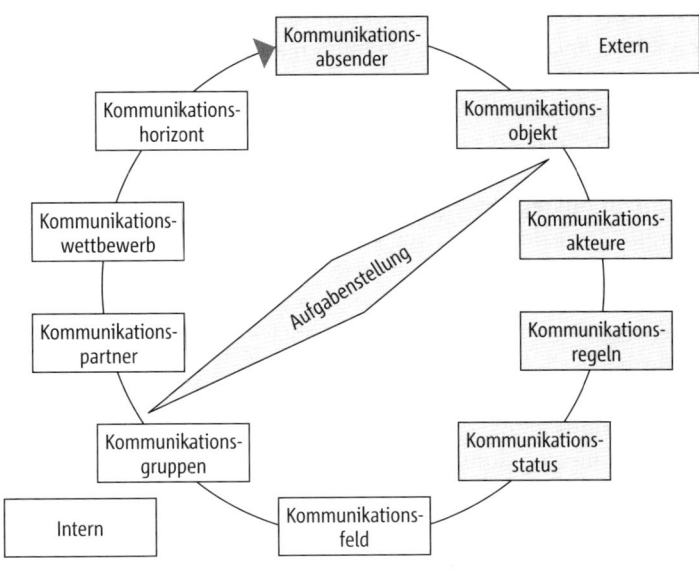

Der Briefingkompass hat in der Mitte die Aufgabenstellung als Kompassnadel. Sie bestimmt die Richtung des Konzeptes und damit auch die Richtung der Fragen. Bevor man mit Hilfe des Kompasses die Fragen zusammenstellt, sollte man sich über die Aufgabe im Klaren sein und die Richtung kennen. Der Kompasskreis besteht aus der internen und der externen Seite. Beide Seiten unterteilen sich in jeweils fünf Fakten- bzw. Fragenbereiche. Rechts geht es um die Interna:

> **Kommunikationsabsender** – Das sind alle aufgabenrelevanten Informationen zur Organisation, in deren Auftrag das Kommunikationskonzept entwickelt werden soll – z. B.: Wann wurde das Unternehmen gegründet? Wo liegen die Standorte? Wie viele Mitarbeiter gibt es?

> **Kommunikationsobjekt** – Damit ist das Unternehmen, das Produkt, die Dienstleistung, die Person oder die Idee gemeint, die Gegenstand der Kommunikationsarbeit ist. Das Kommunikationsobjekt ist der Hauptdarsteller, um den sich alles dreht. – z. B. Wie gut ist das Objekt bei den Zielgruppen etabliert? Was ist sein Grundnutzen? Wo liegen mögliche Zusatznutzen? Gibt es Schwächen?

> **Kommunikationsakteure** – Unternehmens- und Marketingkommunikation haben immer interne Kommunikatoren. Das sind Personen, Gremien oder Abteilungen im Unternehmen, die helfen, die Botschaften nach draußen zu tragen. Sie sind Mitwirkende im Kommunikationsprozess, ohne ihre Unterstützung und positive Motivation kann die Kommunikation keine Resonanzkraft entwickeln. Deshalb muss man die Akteure kennen und einschätzen – z. B.: Wer hat im Unternehmen Kundenkontakt? Wie ist die Motivation der Hauptakteure? Welche Arbeitsbelastung hat die Werbeabteilung? Verfügt die Abteilung über eigene Grafiker?

> **Kommunikationsregeln** – Es gibt Vorgaben, an die sich die Kommunikation halten muss. Das können, je nach Aufgabe, Vorgaben auf der strategischen Ebene sein – z. B.: Unternehmensziele, Leitbilder, Corporate Governance-Regeln oder Marketingziele. Auch taktische Vorgaben spielen eine Rolle und sollten abgefragt werden – z. B.: Budgetvorgaben, Zeitvorgaben oder personelle Vorgaben.

> **Kommunikationsstatus** – In jeder Organisation gibt es normalerweise schon eine Reihe von Kommunikationsinstrumenten, die sich bewährt haben. Es empfiehlt sich, diese Instrumente ins Konzept zu übernehmen. Dafür muss man aber Inventur machen und das vorhandene Instrumentarium erfassen – z. B.: Welche Werbemittel zur Kundenansprache kommen zum Einsatz? Was gibt es an Instrumenten für die interne Kommunikation? Welchen Inhalt hatten die Pressemitteilungen der letzten Monate?

Nach den internen Faktenbereichen wechselt man im Kompass auf die Umfeldseite und erfragt die wichtigen externen Informationen:

- › **Kommunikationsfeld** – Gemeint ist das direkte Umfeld, in dem sich die Organisation tagtäglich bewegt: der Markt, der Fachbereich oder die Branche – je nachdem. Mögliche Fragen sind z. B.: Wie hat sich der Markt in den letzten Jahren entwickelt? Wie ist die Preisstruktur? Welche Prognosen für die Zukunft gibt es?

- › **Kommunikationsgruppen** – Dazu rechnet man alle Personen und Institutionen, die mit dem Kommunikationsabsender, den internen Kommunikationsakteuren oder dem Kommunikationsobjekt in Beziehung stehen. Das können Gruppen sein, zu denen Kontakte schon lange gepflegt werden, aber auch Gruppen, die das Unternehmen gar nicht anspricht, die aber dennoch Einfluss auf das Geschehen haben – z. B.: Welche Kundengruppen spricht das Unternehmen an? Wie gut sind die Medienkontakte? Welche Gegenöffentlichkeiten gilt es, im Auge zu behalten?

- › **Kommunikationspartner** – In der modernen Kommunikation sind Alleingänge nicht mehr zeitgemäß. Wo möglich und sinnvoll, bezieht man Partner ein und baut Kommunikationsallianzen auf. Denn gemeinsam kann man wesentlich mehr bewegen als allein. Die Fragen lauten z. B.: Welche Partner haben die Kommunikation bisher unterstützt? Worin lag die Unterstützung? Welche Wunschallianzen gibt es für die Zukunft?

- › **Kommunikationswettbewerb** – So gut wie jedes Kommunikationsobjekt steht nicht über den Dingen, sondern muss sich in einer Wettbewerbssituation behaupten. Es geht mir hier um den Kommunikations- und nicht um den Marketingwettbewerb. Es stellen sich Fragen wie: Mit welchen Botschaften gehen die Konkurrenten an die Öffentlichkeit? Welche Alleinstellungsmerkmale beansprucht der Wettbewerb? Wo setzt der Wettbewerb seine Kommunikationsschwerpunkte? An dieser Stelle darf eine Warnung nicht fehlen. Speziell bei den Mitbewerbern neigen viele Auftraggeber zu extrem subjektiven Einschätzungen. Die Angaben zur Kommunikationskonkurrenz müssen daher in der anschließenden Recherche auf jeden Fall überprüft werden.

- › **Kommunikationshorizont** – Hier handelt es sich um die große politische, ökonomische, ökologische und kulturelle Kulisse, vor der die Kommunikation stattfindet. Der Horizont reicht von neuen Gesetzen bis zu aktuellen Moden und Trends – z. B.: Wie wirkt sich die politische Forderung nach mehr Energieeffizienz für das Unternehmen aus? Kann die aktuelle Wirtschaftskrise zur Bedrohung werden?

Mit dem Briefingkompass als Orientierungshilfe lässt sich eine lückenlose Frageliste für das bevorstehende Briefinggespräch erstellen. Auf der Frageliste habe ich am Ende alle noch offenen Fragen schriftlich festgehalten. Die

Liste stellt sicher, dass ich später in der Hitze des Briefinggesprächs keine wichtigen Fragen vergesse.

Falls irgend möglich, übersende ich die Frageliste bereits im Vorfeld des Briefinggesprächs per E-Mail an meinen Gesprächspartner. So kann sich mein Gegenüber vorbereiten und mir umfassender Auskunft geben. Das „Output" des mündlichen Briefings steigt deutlich an.

Nun ist alles bereit für das mündliche Briefinggespräch. Auf Grundlage des schriftlichen Briefings und mit meiner Frageliste als Stichwortgeber versuche ich im Gespräch, die Aufgaben- und Problemstellung gründlich zu durchleuchten und vertiefende Fragen zu allen internen wie externen Faktenbereichen zu stellen. Das gemeinsame Gespräch ist für mich ein aufschlussreicher Lern- und Erkenntnisprozess.

In meinen Vorlesungen bezeichne ich das Briefinggespräch auch gern als „freundliches Verhör". Meine Auftraggeber hören das nicht gerne, aber dennoch stimmt das Sinnbild. In jedem mündlichen Briefing steckt einiges an investigativer Arbeit. Ich halte meine Antennen ausgefahren, höre genau zu und hake nach. Vor allem das Zuhören ist wichtig, bisweilen ist es wichtiger als das Fragenstellen. Sobald der Gesprächspartner abschweift, hole ich ihn ins Thema zurück, denn es ist nur eine Stunde Zeit und die Zeit ist wertvoll. Wenn der Gesprächspartner nur glattpolierte unternehmenspolitische Statements rezitiert, dann versuche ich seine Schale aufzubrechen und hinter die Kulissen zu schauen. In jedem Gespräch ist entscheidend, dass es mir frühzeitig gelingt, Vertrauen zu gewinnen und eine Beziehungsebene aufzubauen. Ich will, dass die Gesprächspartner aus dem Nähkästchen plaudern und, ganz im Vertrauen, auch informelle Informationen weitergeben. Sollte mein Gesprächspartner bei wichtigen Fragen passen, lasse ich es nicht auf sich beruhen. Ich versuche sofort festzulegen, wie eine Antwort gefunden werden kann. Wichtige Schlüsselinformationen und Kernaussagen wiederhole ich mit meinen Worten und frage, ob ich sie richtig verstanden habe.

Meine Briefinggespräche sind in der Regel ein bis zwei Stunden lang. Während des Gesprächs halte ich alle relevanten Fakten schriftlich fest. Einige meiner Kollegen nehmen das Gespräch mit einem MP3-Rekorder auf. Davon halte ich persönlich nichts, denn meine Gesprächspartner könnten dadurch das ungute Gefühl bekommen, dass alles, was sie sagen, dokumentiert ist und gegen sie verwendet werden kann. Mit dem Rekorder auf dem Tisch erscheint es mir schwierig bis unmöglich, informelle Nähkästchen-Informationen zu bekommen.

Unmittelbar nach dem Gespräch setze ich mich an den Schreibtisch und bereite nach. Es ist mir wichtig, die Nachbereitung zeitnah zu machen, damit ich den O-Ton des Kunden noch im Kopf habe. Ich lese meine Gesprächsnotizen und reflektiere, welchen Eindruck das Gespräch auf mich gemacht hat und welche neuen Erkenntnisse ich gewonnen habe. Ich studiere das Material, das man mir mitgegeben hat. Danach lege ich fest, wo trotz intensivem Nachfragen noch Lücken und Widersprüche geblieben sind. Wie schon im Anschluss an das schriftliche Briefing entsteht erneut eine Sammlung mit offenen Punkten. Sie wird zur Pflichtenliste für die unmittelbar bevorstehende Rechercheplanung:

> Was fehlt nach dem Briefing noch an grundlegenden Informationen, die unbedingt recherchiert werden müssen?

> Welche Briefinginformationen sind bruchstückhaft geblieben und sollten gezielt ergänzt werden?

> Welche Informationen erscheinen widersprüchlich oder zweifelhaft und sind auf dem Rechercheweg zu überprüfen?

> Welche Informationen haben so weitreichende Auswirkungen auf das Konzept, dass es ratsam wäre, externe Einschätzungen als zusätzliche Quellen zu nutzen.

Ein letzter Arbeitsschritt bleibt noch zu tun. Ich tippe die Notizen mit den Inhalten des Briefinggesprächs in meinen Computer und erstelle einen Briefingbericht. Den Bericht maile ich an meine Gesprächspartner mit der Bitte um Durchsicht und Korrektur. Die Erfahrung zeigt, dass es nicht selten Fehler in meinen Berichten gibt. Diese Missverständnisse sollten ausgeräumt und nicht zu gefährlich brüchigen Bausteinen der weiteren Konzeptionsarbeit werden.

Damit ist das Kernstück des Briefings abgearbeitet, die Recherche kann beginnen. Bevor ich auf die wesentlichen Elemente der Recherche eingehe, will ich auf weitere Briefingschritte hinweisen. Sie folgen innerhalb der konzeptionellen Arbeit erst zu späteren Zeitpunkten, gehören aber methodisch noch zum Briefingprozess:

> **Das Rebriefing** – Ich stecke mitten in der SWOT-Analyse oder bin sogar schon in der Strategie und merke, dass ich noch Verständnisprobleme habe oder dass meine Denkrichtung frappant von der meines Auftraggebers abweicht. Dann überlasse ich nichts dem Zufall, sondern gehe ins Rebriefing. Im Rebriefing schildere ich mein Verständnis der Aufgabenstellung, skizziere mit wenigen Strichen die angedachte Strategielinie und stellt ergänzende Fragen. Der Auftraggeber reagiert. Er bestätigt oder korrigiert. Falls kein mündliches Rebriefing möglich ist, reicht auch ein Austausch per Telefon oder E-Mail.

Übrigens nutze ich in über 90% meiner Konzeptionen die Chance, durch ein Rebriefing besser auf Kurs zu kommen.

› **Das Nachbriefing** – Der Auftraggeber hat das Recht bzw. die Pflicht, mich über nachträgliche Änderungen der Aufgabe oder neuen Entwicklungen in Kenntnis zu setzen. Das Nachbriefing bringt mich wieder auf den aktuellen Stand. Um ehrlich zu sein: ich kann Nachbriefings nicht ausstehen, weil sie fast immer zur Folge haben, dass ich neu ansetzen muss und ein Teil der bisherigen Arbeit für die Katz war.

› **Das Debriefing** – Ganz am Ende, alle Maßnahmen sind umgesetzt und das Projekt ist abgeschlossen, setze ich mich noch einmal mit meinem Auftraggeber an einen Tisch. Gemeinsam durchleuchten wir die zurückliegende Kommunikation. Was hat gut funktioniert? Wo gab es Optimierungsbedarf? Für mich ist das Debriefing eine wunderbare Weiterbildungsveranstaltung. Es macht mich schlauer und gibt wichtige Impulse für die weitere konzeptionelle Arbeit. Am Schluss dieses Buches komme ich noch einmal auf das Debriefing zurück.

Der Nano-Fall. Briefing

Die Situation

Meine Damen und Herren, die Technische Universität Berlin verweist in der öffentlichen Darstellung vorrangig auf ihre 7 Schwerpunktfelder der interdisziplinären Forschung: Energie, Gestaltung von Lebensräumen, Gesundheit und Ernährung, Information und Kommunikation, Mobilität und Verkehr, Wasser sowie Wissensmanagement. Die Nanotechnologie gehört bisher nicht dazu.

Allerdings hat sich in der Fakultät II in letzter Zeit der Bereich Nanotechnologie als moderne und zukunftsorientierte Wissenschaft hervorragend entwickelt. Da sie aber nicht in den Schwerpunkten verankert ist, wird sie nach außen zu wenig sichtbar. Dies gilt vor allem in Richtung der mittelständischen Wirtschaft.

Unsere Leistungen

Die Nanotechnologie an der TU hat mehrere Nano-Projekte zu bieten, die über die Region hinaus nationale Maßstäbe setzen:

› **Das NanOp-Kompetenzzentrum** – Anwendungen von Nanostrukturen in der Optoelektronik.

› **Das SSNI-Graduiertenkolleg** – Forschung zu grundlegenden Prinzipien der Selbstorganisation kleinster Nano-Strukturen an Grenzflächen.

› **Die im Aufbau befindliche nano-Werkbank** – Ein Plattform zur Analyse und Strukturierung von Festkörpern im Nano-Bereich.

In naher Zukunft sind in diesem Bereich weitere nationale und internationale „Leuchtturmprojekte" geplant, welche die Position der TU im Bereich der Nanotechnologien deutlich verbessern werden. Viele dieser Projekte bieten für kleine und mittlere Unternehmen (KMU) aus der Region interessante Anwendungschancen.

Das Problem

Die enorme Leistungsstärke der TU in den Nano-Technologien ist in der Region relativ unbekannt. Die in diesem Bereich tätigen Unternehmen kennen und schätzen zwar alle die Technische Universität, aber über die Stärken in der Nanotechnologie wissen sie wenig. Hinzu kommt, dass die meisten Entscheider in den Unternehmen nicht überblicken, welche Chancen in der Nanotechnologie stecken.

Die Zielgruppe

Der gesamte Bereich „Nanowissenschaften" der Fakultät II soll in der nächsten Zeit deutlich an Präsenz gewinnen. Zielgruppen sind vor allem klein- und mittelständische Unternehmen aus der Region Berlin und Brandenburg, für die einerseits die Nanotechnologie interessante Perspektiven eröffnet und die andererseits für neue technische Wege aufgeschlossen sind.

Die Aufgabe

Erarbeiten Sie ein strategisch ausgerichtetes Kommunikationskonzept für den Bereich der Nanotechnologien mit Fokus auf die verantwortlichen Manager und Ingenieure in den mittelständischen Unternehmen. Die Bekanntheit für unser Nano-Engagement ist deutlich zu steigern. Gleichzeitig sind Nano-Kontakte der TU zu den Unternehmen auf- und auszubauen. Das Image der TU als einen sehr wichtigen Kompetenzführer für Nanotechnologie in der Region ist zu verbessern.

Bitte beachten Sie dabei, dass die Fakultät II nicht über eine eigene Kommunikationsabteilung verfügt. Die Maßnahmen sollen im Herbst 2010 starten und über einen längeren Zeitraum einsetzbar sein. Für alle Mittel und Maßnahmen steht ein Etat von 50.000 Euro zur Verfügung.

Die Recherche

Eigentlich hat die Recherche längst begonnen. Die in Vorbereitung des mündlichen Briefings notwendige Vorrecherche stellte den Einstieg dar. Direkt nach dem Briefinggespräch wurde eine Pflichtliste für die Recherche erstellt. Die Liste ist Grundlage für die Rechercheplanung. Die Planung markiert den Startschuss für die Hauptwelle der Recherche. Bei umfangreichen Recherchen und der Beteiligung von mehreren Personen sollte der Rechercheplan schriftlich fixiert werden und folgende Positionen beinhalten:

› **Welche Fakten und Themen werden recherchiert?** Nach dem schriftlichen und mündlichen Briefing sind kritische Punkte offen geblieben, die in eine Pflichtenliste fixiert wurden. Die Punkte nimmt die Recherche ins Visier.

› **Wer recherchiert was?** Die kritischen Recherchepunkte werden den am Konzept Beteiligten als Aufgabe zugeordnet. Da Recherche in weiten Teilen eine Geduldsprobe ist, wird sie gerne an Azubis und Praktikanten delegiert. Das kann schief gehen, denn nicht jeder Praktikant ist ein gewiefter Rechercheur.

› **Welche Instrumente und Kanäle nutzt die Recherche?** Man muss sich genau überlegen, wie man an die notwendigen Informationen kommt, denn ansonsten ist die Gefahr groß, dass man sich im Dschungel der Informationen verliert.

› **Wann muss das fertige Rechercheergebnis vorliegen?** Für alle Recherchearbeiten werden ein maximaler Zeitaufwand und ein Abgabetermin festgelegt.

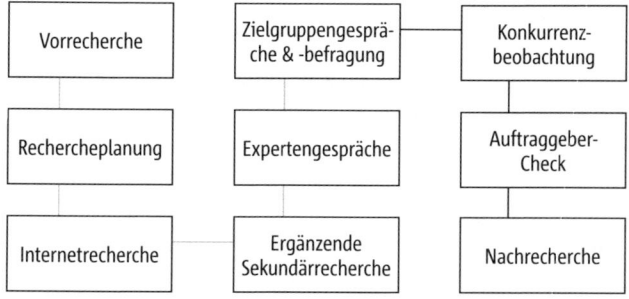

Welche Recherchewege sollte man einschlagen? An erster Stelle steht bei mir unangefochten die Internet-Recherche. Über das weltweite Netz kann ich jederzeit und schnell umfassende Informationen sammeln. Der Löwenanteil meiner Recherchen läuft inzwischen über das Internet. Auch wenn ich nur wenig Konzeptionszeit habe, zwei bis drei Stunden für Recherchen im Internet sind immer drin. Das größte Problem der Internetnachforschungen ist die Gültigkeit der Informationen. Man läuft permanent Gefahr, auf Informationen aus dem Netz hereinzufallen, die falsch oder verzerrt dargestellt sind. Zur Internetrecherche gehört deshalb auf jeden Fall eine Überprüfung. Ein Muss ist die Überprüfung vor allem bei Fakten, bei denen abzusehen ist, dass sie zentrale Bausteine im Gebäude der Strategie werden. Ich orientiere mich bei der Prüfung an den bekannten journalistischen Regeln:

› Gibt es eine zweite unabhängige Quelle, die das jeweilige Faktum bestätigt?
› Wie glaubwürdig ist der Absender der Website?
› Was sagen unabhängige Dritte, z. B. Branchenexperten zu den Fakten?
› Wie schätzt mein Auftraggeber die Website und die gefundenen Fakten ein?

An die Internetrecherche schließen sich weitere Recherchewege an, die mehr Zeit kosten, aber bei komplexen Problemen und wichtigen Konzepten unerlässlich sind. Man sollte sich nicht allein aufs Internet verlassen. Bisweilen empfiehlt es sich, der virtuellen Welt den Rücken zu kehren und ergänzend in der realen Welt eine Sekundärrecherche zu starten. Ich fahnde offline nach vorhandenem Material zur jeweiligen Problem- und Aufgabenstellung. Ich lese Fachbücher, kaufe mir adäquate Fachzeitschriften, gehe in die Uni und sehe Doktorarbeiten zum Thema ein oder suche in Archiven nach Unterlagen.

Komme ich mit dem Sekundärmaterial nicht weiter, dann steige ich um auf die Primärrecherche. Dazu gehören zum Beispiel die Expertengespräche. Für jedes Thema gibt es kluge Köpfe. Während der Internetrecherche stolpere ich fast automatisch über die entsprechenden Namen, finde die dazugehörige E-Mail-Adresse oder Telefonnummer. Ich nutze die Chance und nehme direkten Kontakt zu den Experten auf, um das nötige Insiderwissen zu sammeln. Meistens rufe ich meine Gesprächspartner an und bitte um Auskunft. Hin und wieder werde ich sogar zu einem persönlichen Gespräch eingeladen. Ich kann mich nicht erinnern, dass mir je ein Experte die kalte Schulter gezeigt hätte. Fast alle haben bereitwillig Auskunft gegeben. Das Expertengespräch führe ich übrigens gern als Finale der Recherchearbeit, um gewonnene Erkenntnisse und essentielle Fakten im Gespräch noch einmal überprüfen zu können.

Ein anderes Rechercheinstrument sind die Zielgruppengespräche. Beim mündlichen Briefing stand eine Schlüsselzielgruppe im Vordergrund, um die sich anscheinend alles dreht. Ich nehme direkten Kontakt mit der entsprechenden Zielgruppe auf und versuche, ein Gefühl dafür zu entwickeln, welche Einstellungen und Motivationen diese Leute bewegen. Ich spreche sie auf das Kommunikationsobjekt an und beobachte genau, wie sie reagieren. Sportfans finde ich auf dem Fußballplatz, Wohnungssuchende im Vermietungsbüro einer Wohnungsbaugesellschaft und Senioren im lokalen Seniorenclub. Sogar Millionäre standen schon auf meiner Rechercheliste. Eine Steigerung sind die Zielgruppenbefragungen. Für die Befragungen arbeite ich einen Fragebogen aus, engagiere Praktikanten oder Studenten und lasse sie standardisierte Interviews mit der maßgeblichen Zielgruppe durchführen. Die Antworten werden ausgewertet und in Tabellen bzw. Infografiken aufbereitet, um dann in die Analyse einzufließen. Der Aufwand einer solchen Befragung ist erheblich. Darum wäge ich vorher genau ab, ob sich das Engagement auch wirklich lohnt.

Je nach Problemstellung ist möglicherweise eine Konkurrenzbeobachtung zweckmäßig. Im einfachsten Fall durchleuchte ich die Internetseiten der Konkurrenz, was oft schon erstaunlich aufschlussreich ist. Habe ich den dringenden Verdacht, dass die Konkurrenzkonstellation entscheidend für den Kommunikationserfolg sein könnte, dann gehe ich weiter. Ich analysiere Werbung und Pressemitteilungen. Ich lasse mir Informationsmaterial und Angebote schicken. Ich rufe „undercover" an und gebe mich als Kunde aus. Ich gehe vor Ort und schau mich um. Ich prüfe, ob es möglich ist, mit Mitarbeitern ins Gespräch zu kommen.

Außerdem gibt es da noch als Recherche-Instrument die unauffällige Überprüfung meines eigenen Auftraggebers. Ja, auch das ist bisweilen anzuraten! Was mir der Auftraggeber über sein Unternehmen erzählt, das ist die eine Sache, aber die Realität sieht unter Umständen ganz anders aus. Ich gebe mich anonym als Kunde aus, rufe das Infotelefon an, fordere Infomaterial an, gehe ins Geschäft und beobachte, was dort abläuft. Ich kaufe das Kommunikationsobjekt und verwende es. Alles in allem verschaffe ich mir ein authentisches Bild der Stärken und Schwächen von Kommunikationsabsender und Kommunikationsobjekt.

Meine Recherche bringt viele interessante neue Informationen zu Tage, birgt aber auch die Gefahr in sich, den Wald vor lauter Bäumen nicht mehr zu sehen. Ein zu viel an Information wirkt nämlich toxisch. Man sollte es darum mit der Informationssammlung nicht übertreiben. Am Anfang bringt jede neue Information einen deutlichen Erkenntniszuwachs, doch der Grenznutzen nimmt immer mehr ab. Und plötzlich schlägt es um. Man fängt doch tatsächlich an, sich mit jeder weiteren Information immer unsicherer zu fühlen. Man hat das ungute Gefühl, irgendetwas Entscheidendes übersehen zu haben. So weit lasse ich es nicht mehr kommen. Ich plane meine Recherche knapp und ergebnisorientiert, und höre rechtzeitig auf, bevor der Erkenntnisgewinn gegen Null geht.

Wie beim Briefing, so gibt es auch in der Recherche Arbeitsschritte, die erst später in der strategischen oder operativen Phase erfolgen. Gemeint sind die unvermeidlichen Nachrecherchen. Einerseits muss ich bis zum Zeitpunkt der Konzeptfertigstellung auf der Hut und aufnahmebereit für neue Entwicklungen und Fakten sein. Die Antennen bleiben ausgefahren und die Recherche läuft im Hintergrund weiter. Dadurch halte ich mein Konzept bis zum Schluss auf der Höhe der Zeit. Andererseits fällt mir gelegentlich während der strategischen und operativen Arbeit auf, dass mir maßgebliche Informationen fehlen, ohne die ich nicht fundiert weiterplanen kann. Auch in diesen Fällen gehe ich in die Nachrecherche und fülle die Informationslücken. Die Recherche ist erst beendet, wenn das Konzept beendet ist.

Der Faktenspiegel

Vor mir auf dem Schreibtisch liegen alle Unterlagen, die ich im Laufe von Briefing und Recherche gesammelt habe. Nun kommt es darauf an, die Spreu vom Weizen, wichtige Fakten von redundanten Informationen zu trennen. Zu diesem Zweck gieße ich mir eine gute Kanne Tee auf und arbeite in Ruhe das gesamte Material durch. Ich blättere, lese quer und sobald ich auf einen Fakt stoße, der aufgabenrelevant ist, schreibe ich die Fundstelle heraus und vermerke die Quelle. Alle Informationen, die nicht spielentscheidend für meine Aufgabe sind, lasse ich außen vor. So kommen immer mehr Fundstellen und Fakten zusammen. Am Ende habe ich mehrere Notizblätter voll mit Informationen vor mir liegen. Diese Lose-Blatt-Sammlung nennt sich „Faktenspiegel". Der Faktenspiegel ist die strukturierte Sammlung aller für die Kommunikationsaufgabe relevanten Fakten und Hintergrundinformationen.

Der Faktenspiegel stellt eine wertvolle Hilfe dar, die während der gesamten weiteren Konzeptionsarbeit auf meinem Schreibtisch in Bereitschaft bleibt. Die komprimierte Sammlung der Fakten hilft mir, den nötigen Überblick zu bekommen. Wenn ich den Faktenspiegel das erste Mal durchlese, dann geht mir ein Licht auf und ich sehe klarer. Na ja, zugegeben – nicht immer, aber meistens.

Bei der Struktur des Faktenspiegels orientiere ich mich im Wesentlichen am Briefingkompass. Ich ordne in interne und externe Fakten und jede der beiden Seiten unterteile ich in die fünf Faktenbereiche. Wobei man sich in begründeten Fällen auch schon mal vom Schema lösen und anders aufbauen sollte. Zum Beispiel startet ein Unternehmen neu in den Markt, so dass es noch keinerlei Kommunikationsinstrumente gibt. In diesem Fall macht es keinen Sinn, einen eigenen Faktenbereich „Kommunikationsstatus" aufzumachen. Oder der Bereich „Kommunikationsgruppen" hat umfangreiches Material mit vielschichtigen Informationen erbracht, so dass ich noch einmal in „Kunden", „Medien" und „Mitarbeiter" untergliedere, um die Übersicht zu behalten. Kompass und Faktenspiegel sind Hilfsinstrumente, die man intelligent nutzt und nötigenfalls der jeweiligen Konstellation anpasst.

Mein Faktenspiegel umfasst stets nur wenige Seiten. Er beinhaltet aber immer noch zu viele Anhaltspunkte, um daraus eine eindeutige strategische Linie abzuleiten.

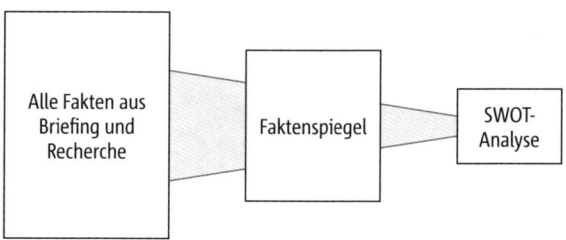

In der nun folgenden SWOT-Analyse wird die Menge der relevanten Fakten weiter reduziert. Von hundert Fakten im Faktenspiegel bleiben vielleicht noch zwei Dutzend Faktoren in der SWOT-Analyse übrig. Aus situationsbezogenen Fakten werden strategierelevante Faktoren.

Der Nano-Fall. Faktenspiegel (Auszug)

Interne Fakten
> Es gibt kaum interne Abstimmung der Nano-Beteiligten an der TU.
> Die Beteiligten sind Forscher, ohne umfassenden Blick für die Erwartungen der KMUs.
> Im Herbst wird das Elektronen-Mikroskopie-Zentrum für Analyse-Untersuchungen zur Nanotechnologie fertiggestellt.
> Die technische Nano-Ausstattung der TU setzt international Maßstäbe.
> Bisher gibt es keine spezifischen Nano-Werbemittel, auch keine Internetpräsenz.

Externe Fakten
> Es lässt sich ein enormes Wachstumspotenzial in der Region erkennen.
> Etwa 600 – 700 Unternehmen aus der Region kommen als Nano-Partner in Frage.
> Die Berliner und Brandenburger KMUs schätzen die TU Berlin.
> Starke regionale Initiativen und Netzwerke fördern die Nanotechnologie.
> Die regionalen Medien zeigen sich am Thema Nano interessiert.
> 12 Konkurrenten bieten in der Region Nano an. Alle sind deutlich kleiner als die TU.
> KMUs sind grundsätzlich an Partnerschaften mit der TU interessiert.
> Durch negative Nano-Berichte der Medien kommt es zu Irritationen in der Öffentlichkeit.

Die SWOT-Analyse

Die SWOT-Analyse kommt im Ursprung aus dem amerikanischen Marketing. Dort ist sie schon seit Jahrzehnten im Einsatz. Im Kontext der Kommunikationskonzeption wird die SWOT in Deutschland seit Ende der 90er Jahre systematisch eingesetzt. SWOT-Analysen im Marketing und in der Kommunikation haben aber nur bedingt etwas miteinander zu tun. Wer vertiefende Ausführungen zur SWOT-Analyse sucht, sollte deshalb Marketingfachbücher meiden, sie führen nur in die Irre.

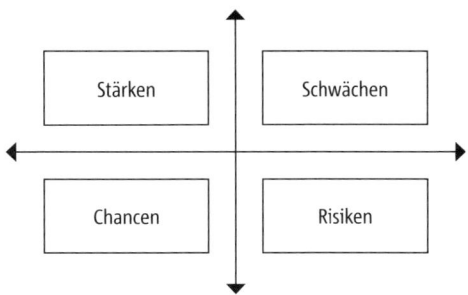

Der Begriff SWOT ist ein Akronym und setzt sich aus den Begriffen Strength, Weakness, Opportunities und Threats zusammen. Oder ins Deutsche übersetzt: Stärken, Schwächen, Chancen und Risiken. In der Kommunikation hat die SWOT-Analyse die Funktion, die interne und externe Ist-Situation komprimiert auf einer einzigen Seite darzustellen. Auf dem Notizblatt oder auf der Powerpoint-Folie steht ein großes SWOT-Kreuz, das in die vier Faktoren-Felder Stärken, Schwächen, Chancen und Risiken unterteilt ist.

Mit dem Filter der SWOT reduziere ich konsequent die Fülle des Faktenspiegels und konzentriere mich auf das Wesentliche und Wegweisende. Zu diesem Zweck nehme ich meinen Faktenspiegel zur Hand, schaue in Ruhe alle Fakten durch und wähle nur die Fakten aus, die von herausragender Wichtigkeit für die Kommunikationsaufgabe sind und strategische Relevanz haben. Fakten aus der zweiten Reihe und Fakten mit operativer Bedeutung haben in der SWOT nichts zu suchen. Beispielsweise ist „die Einrichtung eines neuen modernen Werbemittellagers" für die Umsetzung sicherlich von Vorteil, aber dürfte sich nicht unbedingt auf die Kommunikationsstrategie auswirken und fällt deshalb unter den Tisch.

Manche meiner Kollegen arbeiten bei der Auswahl der Fakten mit Gewichtungen und Rangreihen. Sie rechnen quasi aus, welche Fakten wichtig sind und in die SWOT gehören. Davon würde ich abraten. Meiner Erfahrung nach ist man mindestens genauso treffsicher, wenn man bei der Auswahl mit Fingerspitzengefühl und Entscheidungsfreude an die Arbeit geht..

Bevor ich die Fakten auswähle und sie als Faktoren in die vier Felder einordne, muss ich meine SWOT kalibrieren. Damit die SWOT im Sinne der Aufgabenstellung zielführend ist, lege ich zwei Kalibrierungspunkte fest:

> **Das Objekt** – Für wen oder was entwickle ich die SWOT? In vielen Fällen ist die Bestimmung des Objekts eindeutig und durch das Briefing hinreichend definiert. Aber gelegentlich ist eine genauere Adressierung erforderlich. Da bestimmt zum Beispiel das Briefing den gesamten Konzern als Kommunikationsobjekt, aber schon im Rebriefing wird deutlich, dass es im Kern einzig um die Kommunikation für die deutsche Niederlassung geht. Solche Präzisierungen in Bezug auf das Analyse-Objekt sind wichtig, denn sie können erhebliche Auswirkungen auf die Inhalte der vier SWOT-Felder haben.

> **Die Perspektive** – Wann ist ein Faktor eine Stärke und wann eine Schwäche, wann eine Chance und wann ein Risiko? Um das sicher bestimmen zu können, muss ich wissen, aus welcher Richtung ich auf die SWOT schaue. Falls ich das sichere Gefühl habe, dass letztendlich die Konkurrenzsituation entscheidend für die Problemlösung ist, mache ich die Konkurrenz zur Sichtachse der SWOT. Ist einer der Faktoren der Konkurrenz klar überlegen, dann ordne ich ihn in das Feld Stärken ein. Bei einem Rückstand landet der Faktor im Feld Schwächen. Entscheidet nach meiner Einschätzung nicht die Konkurrenzsituation, sondern die Sichtweise der Zielgruppe über den Kommunikationserfolg, dann schaue ich konsequent mit der Brille der Zielgruppe auf die SWOT. Lediglich eine Perspektive ist nicht erlaubt, die Perspektive des Auftraggebers. Um bei den Zielgruppen erfolgreich zu sein, darf die eigene Nabelschau nicht zum Maß aller SWOT-Dinge werden.

Während der gesamten SWOT-Analyse gehe ich vom definierten Objekt aus und schaue aus der gewählten Perspektive auf die Fakten. Die aus dem Faktenspiegel selektierten Fakten übertrage ich einer nach dem anderen in das SWOT-Kreuz. Beim Eintrag beschränke ich mich auf markante, kurze Stichworte, um die Übersichtlichkeit des SWOT-Kreuzes zu gewährleisten.

Die vier Felder der SWOT sollten nicht durcheinander, sondern diszipliniert nacheinander gefüllt werden. Zuerst kommen die Stärken und Schwächen:

> **Stärken** – Das sind alle positiven Charaktereigenschaften oder Talente des Kommunikationsobjekts und und seines Absenders – z.B.: „Vorbildliche Qualität", „Umfassender Service" oder „Kundennähe durch viele Beratungscenter".

> **Schwächen** – Das sind die negativen Eigenarten und Handicaps des Kommunikationsobjektes und seiner Absenderorganisation – z.B. „Wenig motiviertes Personal", „Kein einheitliches Corporate Design" oder „Veraltete Ladenausstattung".

Stärken und Schwächen nennt man auch Binnenfaktoren. Es sind Eigenschaften des Kommunikationsobjektes oder der zugehörigen Organisation. Die Organisation kann die Faktoren direkt beeinflussen und ist voll verantwortlich. Die Chancen und Risiken stellen Außenfaktoren dar. Sie beschreiben die Verhältnisse draußen im Umfeld zum gegenwärtigen Zeitpunkt. Die Außenfaktoren sind in der Regel allen Mitbewerbern im Umfeld gemeinsam und können von allen indirekt beeinflusst werden. Würden die Konkurrenten ebenfalls eine SWOT-Analyse machen, dann dürften sich die Chancen und Risiken-Felder eigentlich nur marginal unterscheiden. Chancen und Risiken sind quasi Allgemeingut:

› **Chancen** – Darunter ordnet man alle Optionen draußen im Umfeld ein, die als positive Verstärker für die Kommunikationsarbeit genutzt werden können – wie z. B.: „Interessierte Multiplikatoren", „Wachsendes Zielgruppenpotenzial" oder „Sinkende Geiz-ist-geil-Mentalität".

› **Risiken** – Dazu gehören alle externen Gefahrenstellen und Bedrohungen, die der Kommunikation enorme Schwierigkeiten bereiten könnten. – z. B.: „Starke Konkurrenz", „Sinkendes Einkommen der Zielgruppe" oder „Zunehmend kritische Medienberichte".

Ich wähle maßgebliche Fakten aus dem Faktenspiegel und ordne sie den vier Feldern zu. Am Ende sind vielleicht 20 – 30 Faktoren im SWOT-Kreuz zusammengekommen. Im ersten Schritt platziere ich lieber zu viele als zu wenige Faktoren in die SWOT. Denn ein Faktor, der nicht erfasst wurde, fehlt später als Baustein für die strategische Arbeit. Erst am Ende der strategischen Arbeit kann ich sicher erkennen, welche Faktoren nicht gebraucht wurden. Dann schmeiße ich die überflüssigen Faktoren nachträglich aus dem Kreuz, um die SWOT für die Konzeptpräsentation so schlank wie möglich zu halten.

Leider herrscht in Sachen SWOT-Analyse draußen in der Kommunikationsbranche methodische Verwirrung. Vor allem im Internet findet man SWOT-Interpretationen, die sich über jede methodische Regel hinwegsetzen. Besonders einen Fehler treffe ich des Öfteren an. Da werden bei den Außenfaktoren der SWOT die Wahrsagerkarten ausgepackt und Chancen und Gefahren für die Zukunft vorausgesagt. „Neuer Konkurrent aus dem Ausland im nächsten Jahr denkbar" steht da oder „Die Nachfrage für das neue Produkt könnte boomen". So nicht! Es ist nicht Aufgabe der SWOT, Zukunftsprognosen abzugeben. Die SWOT konzentriert sich allein auf den gegenwärtigen Status. Nur in Ausnahmefällen, wenn ein Ereignis in Zukunft mit hoher Sicherheit eintritt, darf es in der SWOT erfasst werden. Ist es also so gut wie ausgemacht, dass die Bundesregierung demnächst ein neues Gesetz beschließen wird, dann darf im Feld Chancen „Gesetzliche Erleichterungen ab Herbst" stehen, obwohl das Gesetz erst in der Zukunft in Kraft tritt.

Die SWOT steht. Ich schaue mir das Kreuz mit allen Faktoren noch einmal in Ruhe an. Gibt das Gesamtbild die Ist-Situation wieder? Wird sich mein Auftraggeber darin wiedererkennen? Wenn ja, dann kann es weitergehen.

Der Faktoren-Baukasten der SWOT-Analyse bleibt auf dem Tisch liegen. Er wird für die Ist-/Soll-Brücke und später für die strategischen Entscheidungen noch mehrmals gebraucht.

Der Nano-Fall. SWOT-Analyse

Kommunikationsobjekt ist die Nano-Technologie der Technischen Universität Berlin. Wir schauen aus der Perspektive der heimischen Klein- und Mittelständler (KMU) auf die Faktoren.

Stärken	Schwächen
› Regionaler Kompetenzführer › Modernste technische Ausstattung › Hochmotivierte Spitzenforscher und Mitarbeiter › Attraktive Nano-Projekte für KMUs › Zentrale Lage und Anbindung in Berlin	› Nano kein eigenständiges Excellenz-thema der TU › Fehlende Kommunikation nach außen › Mangelnde interne Abstimmung › Kein zentraler Anlaufpunkt für Interessenten › Bisher keine KMU-orientierte Sichtweise › Keine einheitliche Internetpräsenz › Begrenzter Kommunikationsetat
Chancen	**Risiken**
› Nano-Technologie ist Wachstums-branche › Steigende Innovationsbereitschaft der KMUs › Etablierte Netzwerke für Forschung und KMU › Region gut mit der TU vernetzt › KMUs schätzen die TU Berlin › Potential innovationsstarker KMUs › KMU-Interesse an Anwendungen › Hohes mediales Interesse › Unterstützung durch Politik	› Draußen ist Nano-Kompetenz der TU wenig bekannt › Nano-Angst der Öffentlichkeit › KMUs kennen die Nano-Angebote der TU nicht › Lange Entscheidungsprozesse bei KMUs › Starke Konkurrenz in der Region

Die Ist-/Soll-Brücke

Vor allem Anfänger in Sachen Konzeption neigen dazu, nach Abschluss der Analyse deren Ergebnisse sofort wieder aus den Augen zu verlieren. Die Strategie setzt bei ihnen ganz neu an und baut nicht konsequent auf der Analyse auf. Das darf nicht sein. Denn jede strategische Entscheidung muss ihre Wurzeln in der Analyse haben.

Die Ist-/Soll-Brücke steht direkt an der Grenze zur Strategie. Sie hilft eine stringente Verbindung von den analytischen Ergebnissen zu den strategischen Entscheidungen abzusichern. Auf der Ist-Seite nehme ich die Situation noch einmal genauer unter die Lupe und ziehe auf der Soll-Seite daraus erste strategische Konsequenzen.

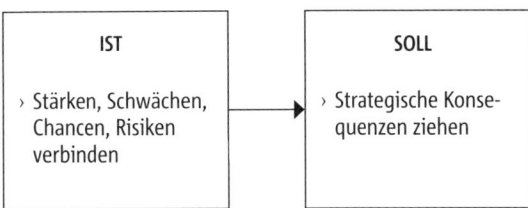

Aber der Reihe nach. Ich lege ein Notizblatt auf den Tisch und zeichne darauf eine geräumige, zweispaltige Ist-/Soll-Tabelle. Dann lege ich die SWOT daneben, schaue mir die Faktoren an und stelle sinnvolle Beziehungen zwischen den einzelnen Punkten her. Man sagt auch, die Faktoren der SWOT werden „geclustert". Es entstehen Zweier-, Dreier- oder Vierer-Cluster. Bisweilen kann es passieren, dass ein Faktor kontaktarm ist und sich nicht sinnvoll clustern lässt, dann bleibt er solitär stehen. Ich spiele unterschiedliche Verbindungen durch, lege Faktoren zusammen und trenne sie wieder. Es ist genauso wie beim Puzzle-Spielen, man probiert solange, bis die Teile passen und ein Bild entsteht. Am Ende bleiben einige besonders aufschlussreiche Cluster übrig. Diese Cluster schreibe ich untereinander in die Ist-Spalte meiner Ist-/Soll-Brücke. Danach wechsle ich die Seite. In der Soll-Spalte der Brücke schaue ich in die Zukunft und ziehe strategische Konsequenzen. Was lässt sich aus dem Clustern für die zukünftige Kommunikation ableiten? Punkt für Punkt arbeite ich alle Cluster durch. Fällt mir zu einem Cluster nichts Sinnvolles ein, dann lasse ich ihn offen. Es gibt keinen methodischen Zwang, jedes Cluster mit einer Soll-Konsequenz zu bedienen. Hier einige einfache Anschauungsbeispiele:

› Die Stärke „Leistungsfähige Beratungsfunktion" geclustert mit dem Risiko „Vorhandene Kunden fehlen Informationen" führt zur Konsequenz auf der Soll-Seite „Beratungsoffensive Richtung Stammkunden starten".

> Die Schwäche „Sinkender Kommunikationsetat" geclustert mit der Chance „Hohes Interesse der Medien" lässt sich in „Massenkommunikation reduzieren, Medienansprache forcieren" übersetzen.

> Die Schwäche „Vergleichsweise hoher Preis" und dazu die Stärke „Hervorragende Produktqualität" könnte zu der Konsequenz „Profilierung als Premiumangebot" führen.

Die Ergebnisse der Soll-Seite verstehen sich als erste strategische Skizzen, die anreißen, wo es in Zukunft mit der Kommunikation hingehen könnte. Sie entwickeln Vorschläge und Vorstellungen, verstehen sich aber nicht als bindende, präzise Vorgaben. Die endgültigen Richtungsentscheidungen werden erst in der anschließenden Strategie getroffen. Ich lasse mich von der Ist-/Soll-Brücke inspirieren. Sie erleichtert mir den Einstieg in die Strategie, aber es kann passieren, dass ich mich im Rahmen der Strategie aus gutem Grund an manchen Stellen ganz anders entscheide als in der Ist-/Soll-Brücke angedacht.

Damit die Ist-/Soll-Brücke die nötige Tragkraft entwickelt, sollte man folgende methodische Regeln beherzigen:

> **Keine präzisen Zielstellungen auf die Soll-Seite schreiben** – „17,5% mehr Bekanntheitsgrad erreichen" ist so ein Beispiel. Zu einer solch exakten Aussage ist es noch zu früh. Sie wirkt anmaßend. Besser, man bleibt vorsichtig und schreibt: „Spürbar mehr Bekanntheitsgrad erreichen."

> **Keine Banal-Konsequenzen ziehen** – Wenn auf der Ist-Seite „Geringer Bekanntheitsgrad" und auf der Soll-Seite „Bekanntheitsgrad erhöhen" steht, dann ist das nicht falsch, aber trivial. Platte Konsequenzen sollte man sich sparen.

> **Nur auf der strategischen Ebene arbeiten** – „Messestand häufiger einsetzen", steht in der Soll-Spalte. Das mag operativ richtig und wichtig sein. Mit der strategischen Ausrichtung hat es erst einmal wenig zu tun.

Ein Hinweis noch: Die Ist-/Soll-Brücke ist ein wertvolles Hilfsmittel für die eigene Konzeptionsarbeit, meinem Auftraggeber bleibt sie aber verborgen. Ich habe noch nie eine Ist-/Soll-Brücke in meine Präsentation eingebaut – und das aus gutem Grund: Die Soll-Seite nimmt wesentliche Eckpunkte der Strategie vorweg und die direkt anschließende Strategiepräsentation würde dadurch erheblich an Neuigkeitswert verlieren. Die Spannung wäre futsch. Das ist, als wenn ich meinen Kinder kurz vor der Bescherung verrate, welche tollen Weihnachtsgeschenke ich ihnen gekauft habe.

Der Nano-Fall. Die Ist-/Soll-Brücke

Die Ist-/Soll-Brücke lässt erkennen, dass es gute Chancen für KMU-Kontakte und Partnerschaften gibt – wenn es denn gelingt, sich intern zu organisieren und eine systematische Kommunikationsarbeit auf die Beine zu stellen.

Ist	Soll
› Mangelnde interne Abstimmung › Bisher keine KMU-orientierte Sichtweise › Hochmotivierte Spitzenforscher und Mitarbeiter	› Gezielte interne Kommunikation und frühzeitige Integration des Teams
› Regionaler Kompetenzführer › KMUs kennen die Nano-Angebot der TU nicht › KMU-Interesse an Anwendungen	› Konkrete greifbare Angebote für KMUs machen
› Begrenzter Kommunikationsetat › Potenzial innovationsstarker KMUs › Etablierte Netzwerke für Forschung und KMU	› Direkte Ansprache der potenziellen KMUs, Netzwerke nutzen
› Nano-Angst der Öffentlichkeit › Hohes mediales Interesse	› Im Hintergrund die interessierte Öffentlichkeit an das Thema heranführen
› Fehlende Kommunikation nach außen › Lange Entscheidungsprozesse bei KMUs	› Langfristig angelegte Kommunikation

Die geänderte Aufgabenstellung

In einem letzten Kontrollschritt vor dem Einstieg in den Strategieteil setze ich die vorgegebene Aufgabenstellung in Relation zu den Ergebnissen der Analyse. Ist die gestellte Aufgabe vor dem Hintergrund der Ist-Situation richtig formuliert und lösbar? In den meisten Fällen habe ich keine Bedenken. Bisweilen kommen mir allerdings ernste Zweifel. Stellt sich die Aufgabenstellung als zweifelhaft heraus, dann greife ich ein. Die Aufgabe muss unbedingt vor dem Start in die Strategie korrigiert werden, sonst ist es zu spät. Drei Schwachpunkte sind häufiger anzutreffen:

> **Die Aufgabenstellung ist viel zu allgemein** und sollte vor dem Hintergrund der Analyseresultate konkretisiert werden. Zum Beispiel lautet die ursprüngliche Aufgabe „Den Bekanntheitsgrad unseres Vereins erhöhen". Die Analyse zeigt, dass der Name fast überall bekannt ist, aber kaum einer das Leistungsspektrum kennt. Dort liegt das eigentliche Problem. Die neue Aufgabenstellung lautet deshalb: „Das breite Angebotsspektrum des Vereins im Einzugsgebiet bekannt machen."

> **Die Analyse zeigt eindeutig, dass die Aufgabenstellung in Teilen oder ganz falsch ist** und geändert werden muss. Ein Fensterbauunternehmen stellt als Aufgabe „Verstärkt private Hausbesitzer zum Fensterkauf motivieren". Die Analyse beweist jedoch, dass die Hausbesitzer zurzeit ihr Geld zusammenhalten, während gewerbliche Eigentümer ein neues Energiespargesetz nutzen wollen und deshalb in Fenster investieren. So kommt es (nach Absprache mit dem Auftraggeber) zur neuen Aufgabenstellung: „Gezielt gewerbliche Hauseigentümer als Kunden gewinnen".

> **Die Aufgabe stellt sich als uneinlösbar und utopisch heraus.** Deshalb sollte sie auf ein realistisches Maß heruntergestutzt werden. Der Auftraggeber wünscht sich „Die Spreeauen-Ausstellung ist in ganz Deutschland ins Gespräch zu bringen". Aufgrund des minimalen Budgets und der regionalen Ausstellungsthematik wird schnell klar, dass dieser Wunsch unerfüllbar ist. Die neue Aufgabe wird wie folgt formuliert: „Die Ausstellung in der Region ins Gespräch bringen und darüber hinaus gezielt nationale Impulse setzen".

> **Die Aufgabenstellung greift nicht weit genug** – „Die negative Medienberichte über unser Unternehmen stoppen" schreibt der Auftraggeber als Aufgabe fest. Die Analyse zeigt, dass die Ursache für die wenig schmeichelhaften Medienberichte in einem schlechten öffentlichen Image des Unternehmens liegt. Nur bei den Medien anzusetzen, würde zu kurz und damit ins Leere greifen. Die erweiterte Aufgabenstellung lautet: Das Image des Unternehmens auf breiter Basis verbessern, um so die Negativberichterstattung einzudämmen."

Als Konzeptioner habe ich die methodische Erlaubnis, mehr noch: die methodische Pflicht, die Aufgabenstellung zu konkretisieren oder zu verändern, zu reduzieren oder zu erweitern, wenn das die Voraussetzung für eine wirksame Problemlösung ist. Dennoch muss ich auf der Hut sein. Mein Auftraggeber dürfte unangenehm überrascht sein und sich überrumpelt fühlen, wenn ich einfach an der von ihm gestellten Aufgabe herumschraube. Deshalb gibt es nur eins: Ich melde ein Rebriefing an und stimme die notwendigen Aufgabenänderungen mit dem Auftraggeber ab, bevor ich in die Strategie überwechsle.

Überblick. Das analytische Radar

1. **Aufgabenstellung** – Aus einem akuten Problem Ihres Unternehmens entsteht ein konkreter Handlungsbedarf, der in eine Kommunikationsaufgabe übersetzt und schriftlich fixiert wird.

2. **Schriftliches Briefing** – Auf Basis der Aufgabe fordern Sie ein kompaktes Briefingpapier an, das auf wenigen Seiten unmissverständlich klargelegt, was Sache ist. Das schriftliche Briefing setzt Sie auf Schiene.

3. **Vorrecherche** – Sie werten das Briefingpapier aus, entdecken vielleicht Lücken und Widersprüche. In einer kurzen Internetrecherche werden Informationen gesammelt und erste Lücken geschlossen. Alle Fragen, die offen bleiben, fassen Sie in einer Frageliste zusammen.

4. **Briefinggespräch** – In einem persönlichen Gespräch mit dem Auftraggeber werden auf Basis von Briefingpapier und Frageliste die essentiellen Fakten beleuchtet. In der Nachbereitung erarbeiten Sie ein Gesprächsprotokoll und stellen sicher, dass Sie alles richtig verstanden haben.

5. **Rechercheplanung** – Das Briefinggespräch hat viele Fragen beantwortet, aber einige sind wahrscheinlich offen geblieben. Sie klären den anstehenden Recherchebedarf, legen fest, wer aus dem Team welche Informationen über welche Wege bis wann sammelt.

6. **Internetrecherche** – Sie beginnen Ihre Recherche in der Regel im Internet, denn hier lassen sich zügig und umfassend Informationen sammeln. Da das Internet voller Falschinformationen steckt, überprüfen Sie bei den maßgeblichen Fakten die Gültigkeit.

7. **Weitere Sekundärrecherche** – Zusätzlich zum Internet, suchen, sichten und werten sie vorhandene Quellen aus. Wie zum Beispiel Fachzeitschriften, Bücher oder Studien.

8. **Primärrecherche** – Falls irgend möglich, sollten Sie sich mit der Realität der Aufgabe auseinandersetzen und nicht nur vom Schreibtisch aus operieren. Sprechen Sie mit der Zielgruppe, mit Experten, beobachten Sie die Konkurrenz – je nachdem.

9. **Faktenspiegel** – Alle Erkenntnisse aus Briefing und Recherche werden gesammelt, geordnet und dann gefiltert. Nur die aufgabenrelevanten, wichtigen Fakten übernehmen Sie in den Faktenspiegel. Der Spiegel bringt Transparenz in die Ist-Situation.

10. **SWOT-Analyse** – Sie nehmen die Fakten des Faktenspiegels kritisch unter die Lupe. Die entscheidenden Fakten übernehmen Sie in die SWOT. Sie werden zu Faktoren, die den Ist-Status kennzeichnen und später zu Bausteinen der Strategie weiterentwickelt werden.

11. **Ist-/Soll-Brücke** – Sie clustern die Faktoren der SWOT, und arbeiten so auf der Ist-Seite der Brücke interessante Verbindungen heraus. Auf der Soll-Seite ziehen Sie strategische Konsequenzen und entwickeln erste Ideen für die anschließende Strategie.

12. **Aufgabenüberprüfung** – Zu diesem Zeitpunkt haben Sie die Ist-Situation gut im Griff. Sie können beurteilen, was machbar ist und was nicht. Falls notwendig, definieren Sie zum Abschluss der Analyse eine geänderte Aufgabenstellung.

gesamten
zwei Mittler müssen mehr geht
ganz fünf Kommunikation zusammen
Zielgruppen Risiken liegt
Menschen daran stellen könnten
strategischen
Arbeit passen Schwäche
Botschaften gehen
keinesfalls
immer entwickeln kommt Profis
bestimmt klare erreicht
Jahre Positionierung
Aufgabenstellung sogar
richtig bringen strategische Zielansätze
Umsetzung beiden
plus Jahr Chance
neue Strategie Marketing gehören
bilden Dachbotschaften Deshalb
vielen gibt Bild Auftraggeber Stärke Partner
Konkurrenz erreichen Ziele Strategien
draußen Adressatengruppe zuerst Schwächenfeld
später gleich Kommunikationsziele Kunden
Chancen Dachbotschaft stehen wenig Rolle
gesamte Beispiel heraus Mitarbeiter
sollen beim Unternehmen Zielgruppenstruktur Frage
SWOT Zielsetzung Entscheidungen sofort steht
Kommunikationsarbeit oben Schwächen richtigen
Kommunikationsprozess Adressaten Position viele
neuen Beteiligten gehe Faktenspiegel
finden bekommen Stärken geben
Aufgaben Briefing ab
Kommunikationsobjekt Phase
Mehr Informationen bleibt
stellt Risiko bzw Maßnahmen schaue
Zeit Ziel Zielgruppe Strategietafel
darf möglich drei jedoch
wäre großen Jahren mache mehrere Zahl
Handlungsstrategie Wer
operativen
Ende Konzept Aufgabe Umfeld schon
Köpfen lassen SWOT-Analyse nehme transportieren
Begründung

Phase 02.
Die strategischen Entscheidungen

Die große Richtung bestimmen

Die Analyse hat den aktuellen Standort bestimmt. Von dort aus macht sich das Konzept auf den Weg in die Zukunft. Es entscheidet, welche große Richtung die Kommunikation in der nächsten Zeit einschlagen wird.

Während ich mit meiner Konzeptionsarbeit bis zu diesem Punkt neutraler Beobachter war, verlasse ich ab sofort die neutrale Ecke und treffe die notwendigen strategischen Entscheidungen – und zwar keine halbgaren Kompromisse, keine Bestätigungen alter Positionen, sondern klare, ambitionierte Ansagen, wo es hingehen soll. Es ist Zeit für Veränderung. Keiner, der meinen Strategieteil liest, soll sagen: „Na ja, das Übliche!" sondern jeder: „Spannend! Das bringt uns voran!"

Die strategischen Entscheidungen des Kommunikationskonzepts entwickeln den langfristig stabilen Bezugsrahmen, in den anschließend die kreativen Ideen und die operativen Maßnahmen eingepasst werden. Die Strategie macht somit eine erfolgreiche Ideen- und Maßnahmenfindung erst möglich. Ohne klare Strategie als Bezugsgröße wären jeder Maßnahmenplan und jede Kreation nur grobe Fahrlässigkeiten. Eigentlich müsste an dieser Stelle manchen Kommunikationsakteuren in Unternehmen und Institutionen die Ohren klingeln, denn ich erlebe ständig, dass die Strategie zur Formsache degradiert wird, mit der man sich nicht groß aufhält, ein paar Leerformeln hinschreibt und sich dann mit einem Stoßseufzer der Erleichterung in die kreative und operative Umsetzung stürzt. Strategische Kommunikation hat in vielen Unternehmen einen schweren Stand.

Für wen?	› Die Zielgruppen
Wohin?	› Die Kommunikationsziele
Wer?	› Die Positionierung
Was?	› Die Dachbotschaften
Wie?	› Der strategische Weg

Der strategische Kurs für moderne, ganzheitliche Kommunikationskonzepte unterteilt sich in fünf Stationen. Keine Station darf ausgelassen werden, die Reihenfolge der Stationen ist nicht zu hundert Prozent festgelegt, da mag es je nach Aufgabenstellung und je nach persönlicher Vorliebe Abweichungen geben. Meine Reihenfolge stellt aber eine bewährte Schrittfolge dar, an der sich Anfänger orientieren sollten:

> **Für wen?** Welche Zielgruppen soll die Kommunikation zukünftig erreichen und überzeugen?

> **Wohin?** Welche maßgeblichen Kommunikationsziele peile ich bei besagten Zielgruppen an?

> **Wer?** Welche besondere einprägsame Positionierung soll das Kommunikationsobjekt in den Köpfen der Zielgruppen bekommen, um die Ziele sicher zu erreichen?

> **Was?** Welche Dachbotschaften muss man den Zielgruppen aus der Positionierung heraus inhaltlich vermitteln, damit die Ziele sicher erreicht werden?

> **Wie?** Auf welchem strategischen Weg transportiert die Kommunikation die Botschaften aus der Positionierung heraus zu den Zielgruppen, um die Ziele sicher zu erreichen?

Der klassische Kommunikationsprozess besteht – zugegeben grob vereinfacht – aus der Sender- und der Adressatenseite sowie dem Signal, das durch das gesamte Umfeld zum Empfänger transportiert wird.

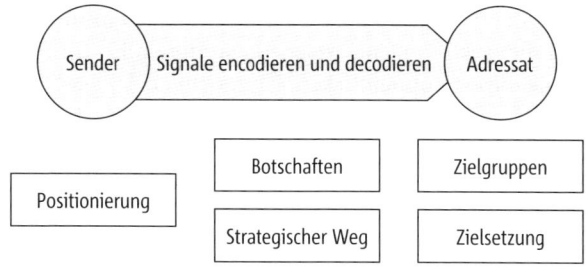

In der strategischen Arbeit wirkt man auf den kompletten Kommunikationsprozess ein. Die Positionierung definiert die angestrebte psychologische Rolle auf der Absenderseite (Wofür stehen wir?). Die Ziele beschreiben, was bei den Adressaten erreicht werden soll und die Zielgruppen legen fest, wer die Adressaten sind. Die Botschaften sind die Inhalte des Signals, und der strategische Weg definiert, wie die Botschaften durch das Umfeld zum Adressaten transportiert werden. Am Ende der Strategie sind damit alle wesentlichen Koordinaten des Kommunikationsprozesses bewusst bestimmt worden. Damit kann doch in der Umsetzung eigentlich nichts mehr schief gehen? Schön wär's! Kommunikation ist komplex. Es treten viele Einflussfaktoren und Instabilitätspunkte auf, sodass es weiterhin zu unerwarteten Überraschungen kommen kann. Henry Ford hat einmal sinngemäß gesagt: 50 Prozent meiner Werbung geht schief und 50 Prozent funktioniert, wenn ich nur vorher wüsste welche 50 Prozent. Fifty-fifty ist die Flop- bzw. Erfolgswahrscheinlichkeit nicht mehr, wenn ich mit einer durchdachten Kommunikationsstrategie arbeite. Aber vielleicht 80/20 oder 70/30. Ein Restrisiko bleibt immer. Mit dem muss man leben und in der gesamten Realisierungsphase die Konzeptionssensoren eingeschaltet lassen, um im Falle einer Überraschung entschlossen gegenzusteuern zu können.

Die Zielgruppenstruktur

Bei mir ist die Auswahl der Zielgruppen häufig die erste Station der strategischen Arbeit. Moment mal, werden Anhänger der alten strategischen Schule sagen, kommt nicht zuerst die Zielsetzung? Darauf pflege ich zu antworten, dass wir in der heutigen Zeit die Kommunikation unbedingt von den Zielgruppen aus denken müssen. Die Kommunikationsflut und der schmale Spalt, der uns bleibt, um die Aufmerksamkeit der Zielgruppen zu treffen, macht diese konsequente Denkrichtung überlebenswichtig. Mit der Zielgruppenfixierung im Hinterkopf fällt es mir jedoch schwer, den traditionellen Weg zu gehen und deterministisch, quasi von oben herab und ohne Blick auf die Zielgruppen, zuerst die Kommunikationsziele in Stein zu meißeln. Ich merke, dass meine Ziele ungleich realistischer und einfühlsamer werden, wenn ich mir zuerst klar mache, welche Zielgruppen im Umfeld eine Rolle spielen und wie diese Gruppen ticken. Ich möchte das neue Prinzip am Beispiel meiner regelmäßigen Workshop-Einsätze veranschaulichen. Mehrmals im Jahr führe ich Workshops zum Thema Kommunikationskonzept durch. Die Teilnehmerkreise sind ganz unterschiedlicher Natur: mal erfahrene Praktiker, dann Kommunikationsstudenten, das nächste Mal Arbeitsamtskurse oder auch junge Abiturienten. Ich könnte nun hergehen und als erstes deterministisch mein übergeordnetes Workshop-Ziel festlegen. In etwa so: „Am Ende meines Workshops ist jeder so schlau, dass er ein methodisch korrektes Konzept entwickeln kann!" Das wäre ein ehrgeiziges Ziel, mit dem ich je nach Teilnehmerkreis gehörig auflaufen würde. Weil ich meinen gesamten Workshop-Ablauf an diesem Ziel ausrichten müsste, wären zum Beispiel bei Arbeitsamtskursen oder Abiturienten reihenweise frustrierte und überforderte Teilnehmer die Folge. Deshalb schaue ich mir vorher meinen Teilnehmerkreis genau an und bestimme mit Einfühlungsvermögen, was ich zusammen mit ihnen erreichen kann. Und genauso wie im kleinen Kreis meiner Workshop-Teilnehmer funktioniert es auch im großen Stil bei den Zielgruppen meiner Kommunikationskonzepte.

Zielgruppen, das sind Personen, Gruppen und Organisationen, die ich mit meiner Kommunikation ins Visier nehmen will (... ob ich sie erreiche, ist noch eine ganz andere Frage). Ist-Zielgruppen sind diejenigen, die bisher angesprochen wurden. Innerhalb der strategischen Planung geht es vorrangig um Soll-Zielgruppen, dazu gehören diejenigen, die ich in Zukunft mit den Kommunikationsaktivitäten erreichen will.

Die Auswahl einer Zielgruppe hat Konsequenzen. Ich entscheide mich für eine bestimmte Gruppe und entwickle später im operativen Teil für diese Gruppe maßgeschneiderte Aktivitäten. Sprich: Sobald ich eine Soll-Zielgruppe festgelegt habe, muss es für diese Gruppe im operativen Bereich auch spezifische Maßnahmen geben. Falls nicht, habe ich einen methodischen Fehler gemacht.

Die Zielgruppen tatsächlich zu erreichen und zu berühren, ist bei jedem Konzept stets eine neue Herausforderung. Die Kommunikationsflut der modernen Informations- und Konsumgesellschaft hat dazu geführt, dass die Menschen gegenüber institutioneller Kommunikation ausgesprochen zugeknöpft reagieren. Das Fenster der Aufmerksamkeit ist nur einen winzigen Spalt breit geöffnet und man muss mit Augenmaß und Fingerspitzengefühl kommunizieren, um den Spalt zu treffen. Gute Kommunikation ist auch eine Frage des Einfühlungsvermögens.

Der gekonnten Auswahl der Zielgruppen kommt folglich eine hohe Bedeutung zu. „Zielgruppenorientierung" ist mehr als ein Schlagwort, es ist ein Überlebensprinzip für die moderne Kommunikation. Wie gehe ich normalerweise an den Aufbau der Zielgruppenstruktur? Ich beantworte mir jedes Mal aufs Neue diese drei Fragen:

› **Wer gehört zu den Soll-Zielgruppen?** – Ich wähle die für die zukünftige Kommunikation relevanten Zielgruppen aus und orientiere mich dabei an den bisherigen Ist-Zielgruppen.

› **Welche Funktion sollen die Zielgruppen bekommen?** – Parallel bestimme ich, welche Funktion die jeweilige Zielgruppe innerhalb des Kommunikationsprozesses einnehmen soll.

› **Welches Format haben die Zielgruppen?** – Ich muss jede Zielgruppe so dimensionieren, dass die Kommunikation damit umgehen kann. Es wirkt sich fatal aus, wenn man zu viele und zu große Zielgruppen definiert. Die Kommunikationswirkung verliert an Kraft und wird zum matten Hauch, der im ständigen kommunikativen Grundrauschen unserer Gesellschaft untergeht.

Um die Frage **Wer gehört zu den Soll-Zielgruppen?** zu beantworten, gehe ich zurück ins Briefing und in den Faktenspiegel. Im Briefing beschreibt mein Auftraggeber seine bisherigen Ist-Zielgruppen. Die Ist-Zielgruppen sind ein wichtiger Bezugspunkt, müssen aber keinesfalls deckungsgleich mit den zukünftigen Soll-Zielgruppen sein. Ich übernehme nicht einfach die Zielgruppenvorgaben des Auftraggebers, sondern verstehe sie als Roh- und Ursprungsmaterial, das ich bearbeiten werde. Im Faktenspiegel habe ich (hoffentlich) viele interessante Informationen zu den im Briefing genannten Zielgruppen gesammelt. Die lese ich mir noch einmal durch, um meine Sicht zu schärfen. Die Informationen zu den Zielgruppen im Gedächtnis schaue ich mir die Soll-Seite meiner Ist-/Soll-Brücke an. Dort wird die strategische Richtung grob skizziert. Welche Zielgruppen bzw. Zielgruppensegmente muss ich aufgrund dieser Ausrichtung ins kommunikative Spiel bringen? Welche der bisherigen Ist-Zielgruppen passen nicht zur zukünftigen Strategierichtung und müssten gegebenenfalls aus der Ansprache genommen werden? Welche neuen Zielgruppensegmente könnten interessant werden? Ich wähle aus und treffe Entscheidungen.

Welche Funktion sollen die Zielgruppen bekommen? Als Richtgröße für die Zuordnung ziehe ich den Kommunikationsprozess mit Absender, Signal und Adressat heran. So wie ein Trainer beim Fußball stelle ich die Mitspieler (= Zielgruppen) in unterschiedlichen strategischen Funktionen auf den Rasen (= Kommunikationsfeld). Der Trainer unterscheidet zwischen Verteidigung, Mittelfeld und Angriff. Ich unterscheide – abgeleitet vom Kommunikationsprozess – zwischen Absender, Mittler und Adressaten. Diese drei Gruppen haben ganz unterschiedliche Funktionen im Rahmen meiner Kommunikation. Ich werde sie entsprechend ihrer Funktion in Stellung bringen und sie später in der Umsetzung mit adäquaten Maßnahmen in den Kommunikationsprozess einbinden.

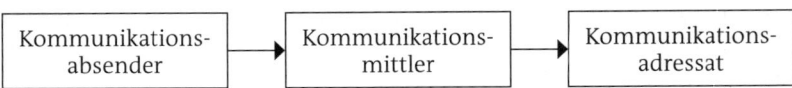

An erster Stelle bestimme ich die Kommunikationsadressaten. Bei Ihnen liegt der Schlüssel zur Problemlösung. Nur wenn ich diese Zielgruppen erreiche, überzeuge und bewege, kann ich die gestellte Kommunikationsaufgabe lösen. Ist meine Aufgabe, die sinkende Zahl der Besucher eines Kunstmuseums aufzufangen, dann gehören z. B. alle Personenkreise, die sich im Einzugsgebiet für Kunst interessieren, zu den Adressaten. Hat ein Geburtshaus das Problem sinkender Entbindungszahlen, dann könnten z. B. „alle Schwangere im Umkreis von 3 km" als Adressaten angesprochen werden. Dabei kann ein Adressatenkreis durchaus aus mehreren Segmenten zusammengesetzt sein. Ich nehme ein Berliner Café als Beispiel. Es differenziert die Kommunikationsadressaten in „Anwohner des Einzugsbereichs", „Leute, die im Einzugsbereich arbeiten" und „Touristen". Bei solchen zusammengesetzten Zielgruppen ist es sinnvoll, eine Priorisierung vorzunehmen. Ich unterscheide zwischen primären und sekundären Zielgruppen. Beim Berliner Café würde ich die Anwohner zu den primären, die Arbeitnehmer und Touristen zu den sekundären Adressaten rechnen. Diese Abstufung ermöglicht es mir, die Kräfte zu dosieren und so spürbar mehr Kommunikationswirkung zu erzielen.

Zu den Kommunikationsmittlern gehören alle Personen und Gruppen, die ich auf dem Weg zu den eigentlichen Adressaten als „Transporthelfer" und „Wirkungsverstärker" meiner Signale einsetze. Im heutigen Internet- und Medienzeitalter gewinnen die Mittler enorm an Einfluss, ohne sie geht in der modernen Kommunikation nur noch wenig. Sie können eine Kommunikationsbotschaft sang- und klanglos fallen lassen oder steil nach oben katapultieren. Wer es versteht, geschickt auf der Klaviatur der Mittler zu spielen, der hat schon viel gewonnen. Mittler haben im Bewusstsein der Adressaten eine neutrale Position und damit eine hohe Glaubwürdigkeit. Das Feld der Kommunikationsmittler lässt sich in mehrere Segmente unterteilen:

› **Medien** – deren multiplikatorische Verstärkerwirkung enorm sein kann und die deshalb in fast jedem meiner Konzepte eine zentrale Rolle spielen. Ich mache mir jedes Mal wieder einen Kopf, wie ich die Medien am Besten ins Spiel bringe. Das Spektrum der Medien reicht von den Tageszeitungen, Fach- und Publikumszeitschriften über Radio und Fernsehen bis hin zu den neuen Online-Medien.

› **Meinungsbildner** – auch „Opinion Leader" genannt. Das sind Personen oder Organisationen, die aufgrund ihrer Stellung in der Gesellschaft eine meinungsvervielfältigende Wirkung haben. Meinungsbildner spielen in vielen meiner Konzepte eine tragende Rolle. Ich setze sie aber nur ein, wenn sie aus echter Überzeugung als Fürsprecher gewonnen und nicht mit Geld eingekauft werden. Typische Multiplikatoren sind Politiker, Wirtschaftsführer, Künstler, aber auch Verbände, Forschungsinstitute oder Expertenkreise.

› **Funktionsmittler** – Sie sind feste externe Funktionsträger im „Leistungserbringungsprozess" meines Auftraggebers draußen in Markt und Umfeld. Für einen Konsumgüterhersteller wäre der Einzelhandel ein Funktionsmittler, für ein Krankenhaus die überweisenden Ärzte und für einen Immobilienkonzern die freien Makler.

› **Komplementoren** – Das sind Partner, die ähnlich gelagerte Interessen und Zielgruppen haben, aber keine direkte Konkurrenz darstellen. Mit Partnern werden Kommunikationsallianzen gebildet, sie werden als Unterstützer bzw. Mitträger der Kommunikation gewonnen. Das Engagement der Komplementoren gewinnt seit Jahren an Bedeutung. In etwa der Hälfte meiner

Konzepte baue ich inzwischen Partner ein. Die Tendenz ist weiter steigend. Zum Beispiel organisiert ein Sportverein einen Fitnesstag und gewinnt eine Krankenkasse als Partner und Mitträger. Oder ein Immobilienkonzern integriert in seine Hausmesse ausgewählte Architekten und Bauträger.

Ich komme zu den Kommunikationsabsendern, die auch als interne Zielgruppen bezeichnet werden. In fast allen Konzepten mache ich Mitarbeiter und Führungskräfte, wenn es um Unternehmen geht, oder Mitglieder und ehrenamtliche Helfer, wenn es beispielsweise um Vereine geht, zu Botschaftern der Kommunikation. Ohne Frage muss das eigene Haus hinter der Kommunikation stehen und mit einer Stimme sprechen, damit die Aktivitäten die nötige Überzeugungskraft nach außen bekommen. Moderne Kommunikationskonzepte stellen sich deshalb auf die interne Zielgruppen ein, machen sie mit gezielten Maßnahmen fit für ihre Botschafterrolle und begleiten sie aufmunternd durch den gesamten Kommunikationsprozess. Kommunikationsabsender haben, anders als die Mittler, keine neutrale Position. Sie sind Partei und stehen hinter der Flagge des Kommunikationsabsenders. Bei internen Zielgruppen trifft man auf ganz unterschiedliche Konstellationen. Ich unterscheide im Regelfall zwischen:

› **Entscheider / Führungskräfte** – Die Spitzenpositionen meines Auftraggebers müssen frühzeitig involviert und für die anstehende Kommunikationsarbeit gewonnen werden. Nur wenn die Kommunikation die nötige Legitimation von oben erhält, kann sie sich auf Dauer etablieren.

› **Kommunikationsakteure** – Akteure sind für mich Mitarbeiter, die aufgrund ihrer Arbeit regelmäßig nach außen kommunizieren. Sie stehen in ständigem Kontakt zu den externen Zielgruppen und haben sozusagen eine Sprachrohrposition. Zu den Akteuren gehören u. a. die Werbe- und PR-Abteilung, das Vertriebsteam oder die Betreuer am Servicetelefon. Alle Kommunikationsakteure müssen frühzeitig einbezogen und motiviert werden. Sobald sie auf Distanz bleiben oder der Kommunikation negativ gegenüberstehen, droht erheblicher externer Glaubwürdigkeitsverlust.

› **Passive Kommunikatoren** – Sie haben keine nennenswerten Außenkontakte und sind somit eher Statisten in der Kulisse. Aber wenn sie im Hintergrund „Buh!" rufen und die Kommunikation diskreditieren, dann strahlt das negativ auf die Akteure und das direkte Umfeld ab. Deshalb sind auch die passiven Kommunikatoren angemessen einzubeziehen.

Die Zuordnung in die drei großen Funktionsbereiche Adressaten, Mittler und Absender erfolgt in einer festgelegten methodischen Reihenfolge. Es sind ausnahmslos zuerst die Adressaten zu bestimmen, denn, wie gesagt, sie sind die Achse der Kommunikation, um die sich alles dreht. Habe ich meine

Adressaten bestimmt, kann ich daraus die passenden Mittler ableiten. Kommunikationsmittler sind Mittler zum Zweck – und ihr Zweck ist es, die Adressaten auf breiter Front und mit nachhaltiger Wirkung zu erreichen. Folglich muss ich erst die Adressaten kennen, um die dazu passenden Mittler auswählen zu können. Es macht nämlich einen riesigen Unterschied, ob meine Empfängerzielgruppe erfolgreiche Manager oder junge Studenten sind. Je nachdem muss ich ganz andere Medien als Mittler einsetzen, um meine Botschaften an die Zielgruppen zu bringen.

Fehlt noch die Antwort auf die dritte Zielgruppenfrage: **Welches Format haben die Zielgruppen?** Meine Auftraggeber neigen in Briefings dazu, den Zielgruppenradius zu groß anzugeben. Am liebsten würde man alle ansprechen, da kann man nichts falsch machen. Macht man da wirklich nichts falsch? Ich habe ein andere Erfahrung gemacht und widerspreche mit Nachdruck. Der Pegel der Kommunikationsüberflutung steigt weiter an. In der Flut wird nur die Kommunikation bemerkt, die nicht vor sich hinplätschert, sondern sich mit deutlichen „Peaks" heraushebt. Ist das Zielgruppenformat im Vergleich zum Etatvolumen zu üppig geraten, dann kann ich nicht mehr genügend Druck erzeugen, um mit „Peaks" alle Zielgruppenpersonen zu berühren, die Kommunikationsbotschaften drohen unterzugehen. Deshalb schaue ich mir jede Soll-Zielgruppe genau an und prüfe, ob und wie ich schärfer fokussieren kann. Müssen wirklich alle Frauen über 40 Jahre als Leser für den neuen Buchclub angesprochen werden, oder wäre es nicht besser, sich auf das 1/3 der weiblichen Bevölkerung zu konzentrieren, das angibt, regelmäßig zu lesen? Macht es Sinn, alle Wohnungssuchenden als Käufergruppe für ein neues Reihenhausensemble ins Visier zu nehmen, oder wäre es nicht effizienter, sich auf Wohnungssuchende mit höherem Einkommen zu konzentrieren? Ist es bei einem wenig prickelnden Thema zur regionalen Strukturförderung tatsächlich realistisch, die großen nationalen Entscheidermedien, wie Stern oder Spiegel in die Mittlergruppe aufzunehmen, oder verhebe mich da nur? Zielgruppenfokussierung bedeutet, dass ich nicht breit streue, sondern erfolgversprechende Gruppen ins Visier nehme und mit maßgenauer Kommunikation möglichst punktgenau anspreche.

Immer mal wieder bekomme ich ein Kommunikationskonzept in die Hand, das baut auf mehreren Seiten eine komplexe Struktur mit dutzenden von Zielgruppensegmenten auf (Der Rekord im letzten Jahr lag bei über 130 Einzelsegmenten). Die Struktur stimmt methodisch wie inhaltlich, man hat sich viel Mühe gegeben und einen hohen Differenzierungsgrad erreicht. Nur in der Praxis funktioniert so etwas nicht. Kommunikationsabteilungen sind überfordert, wenn die Zielgruppenstruktur zu kompliziert wird. Komplexe Strukturen kann man zwar aufs Papier bringen, aber im hektischen Arbeitsalltag nicht realisieren. Aus diesem Grund halte ich die Struktur meiner Zielgruppen grundsätzlich knapp und übersichtlich. Weniger Zielgruppen sind mehr.

Der Nano-Fall. Zielgruppenstruktur

In der Analyse wurde bereits die hohe Bedeutung der internen Kommunikation erkannt. Deshalb unterscheidet die Zielgruppenstruktur zwei große Säulen: die internen und externen Zielgruppen.

Externe Zielgruppen
› Kernzielgruppen
  › Ca. 600 – 700 innovationsinteressierte Unternehmen
  › Aus der Region und aus den nano-relevanten Branchen
› Mittelzielgruppen
  › Netze wie Technologiestiftung Berlin, Zukunftsagentur Brandenburg
  › Meinungsbildner wie IHK, Unternehmerverband Berlin-Brandenburg
  › Regionale Medien mit ihren Wirtschafts- und Wissenschaftsredaktionen

Interne Zielgruppen
› Primäre Zielgruppen
  › Die Professoren und Mitarbeiter der Fakultät II
  › Die Pressestelle der TU
› Sekundäre Zielgruppen
  › Alle übrigen Professoren und Mitarbeiter der TU
  › Die Studenten der TU

Das Zielgruppenprofil

Die Zielgruppenstruktur wurde übersichtlich und funktionell zusammengestellt. Aber was steckt in den einzelnen Zielgruppen? Wie lassen sich die Zielgruppen charakterisieren? Gewöhnlich reicht die Konzeptionszeit nicht, um die gesamte Zielgruppenstruktur unter die Lupe zu nehmen. Darum beschränke ich mich in der Regel auf die Kommunikationsadressaten. Die Adressaten sind der Schlüssel zum Erfolg, deshalb muss ich mich mit ihnen vertraut machen, daran führt kein Weg vorbei. Innerhalb der Struktur habe ich die Adressaten nur mit wenigen dürren Worten beschrieben – zum Beispiel: „Lesefreudige Frauen über 40 im deutschsprachigen Raum". Das reicht völlig aus, um eine erste Zielgruppenstruktur zu bilden, sagt aber inhaltlich noch wenig aus. Damit meine Kommunikation den Nerv trifft, will ich lesefreudigen Damen über 40 Jahren zu guten Bekannten machen. Sobald ich meine Augen schließe, sollte vor meinem inneren Auge ein lebendiges und vertrautes Bild dieser Zielgruppe entstehen.

Wie schließe ich mit den Kommunikationsadressaten Bekanntschaft? Zuallererst schlage ich meinen Faktenspiegel auf. Habe ich in der Analysephase vernünftig gearbeitet, sind dort schon viele Informationen zu meiner Zielgruppe zu finden. Falls Lücken klaffen, gehe ich in die Nachrecherche, samm-le weitere Informationen und stelle sie zu einem Profil zusammen. Bei Ziel-gruppen, die mir gesellschaftlich nahe sind, gelingt es mir schnell, ein Bild zu bekommen. Schwierig wird es bei relativ fremden Zielgruppen. Neulich hatte ich Millionäre als Adressatengruppe. In diesem Falle werte ich nicht nur sekundärstatistisches Material aus, sondern nehme direkten Kontakt auf. Ich suche mir typische Repräsentanten der relevanten Adressatengruppe und unterhalte mich mit ihnen. Wenige, kurze Gespräche reichen meist aus, um eine klare Vorstellung zu entwickeln, die mich dann während der gesamten Konzeptionsarbeit begleitet.

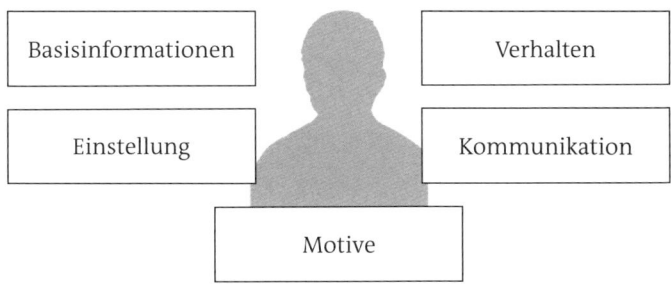

Bei der Erstellung eines Zielgruppenprofils orientiere ich mich an einer ein-fachen Merkmalsliste:

> **Basisinformationen** – Welches Alters-, Geschlechts-, Wohnort- und Einkom-mensprofil hat meine Adressatengruppe?

> **Einstellung** – Welche Auffassungen prägen die Adressatengruppe bezogen auf mein Kommunikationsobjekt und meinen Kommunikationsabsender?

> **Verhalten** – Wie verhält sich die Adressatengruppe im Umgang mit meinem Kommunikationsobjekt?

> **Kommunikation** – Welche Kommunikationsmittel und -wege wählt meine Adressatengruppe, wenn sie sich für mein Kommunikationsobjekt interes-siert?

> **Motivation** – Welche Motive könnten meine Adressatengruppe bewegen, mein Kommunikationsobjekt zu nutzen?

Obige Checkliste dient als lockere Orientierungshilfe, es ist nicht nötig, alle Punkte zur Gänze abzuarbeiten. Ich beschränke mich meistens auf die für meine Kommunikationssituation signifikanten Merkmale. Ein Punkt sticht allerdings heraus. Ich überlege in jedem Fall gründlich, welche Motivationen meine Zielgruppe bewegen könnten. Denn Motive sind Treiber. Das ist genau wie beim Computer, ohne die richtigen Treiber wird sich bei meiner Zielgruppe nichts tun.

Nano-Fall. Zielgruppenprofil

Die Recherche brachte Erfreuliches. Die Schlüsselzielgruppe der klein- und mittelständischen Unternehmen in Berlin und Brandenburg lässt sich genau selektieren. Es ist möglich, die Namen, Adressen und Ansprechpartner zusammenzustellen und so die Voraussetzung für eine direkte Ansprache zu schaffen.

› Basisinformationen
   › Klein- und mittelständische Unternehmen
   › Ca. 600 Unternehmen in Berlin und Brandenburg
   › Ab 20 Mitarbeiter
› Einstellung
   › innovationsorientiert, dynamisch
   › Bereits erste Kontakte zu Forschung und Hochschulen
› Entscheidungsverhalten
   › Langer Entscheidungsprozess mit zwei unterschiedlichen Sichtweisen
   › Forscher / Ingenieure – an Sicherheit interessiert, geringe Nano-Kenntnisse
   › Geschäftsführer / Manager – an Profitabilität interessiert, keine Nano-Kenntnisse
› Motivation
   › Neue Märkte, Kundengruppen erschließen
   › Marktvorsprung auf- und ausbauen
   › Mehr Profit
   › Steigendes Prestige für Mitarbeiter und Unternehmen

Die Zielsetzung

Kurz gesagt: Ziele legen fest, welcher Zustand zum Ende der Planungsperiode erreicht werden soll. Ziele sind die Richtgrößen für das kommunikative Planen und Handeln. Wobei es im Folgenden um Kommunikationsziele geht, also um Ziele, die mit den Mitteln der Unternehmens- und Marketingkommunikation zu erreichen sind.

Die Kommunikationsziele gehen im Ursprung von der Aufgabe aus, die der Auftraggeber im Briefing formuliert hat. Erster Schritt der strategischen Zielentwicklung ist folgerichtig, noch einmal ins Briefing zu schauen und sich die genaue Aufgabenstellung zu vergegenwärtigen. Wie bei den Zielgruppen, so gilt auch bei der Zielsetzung, dass die Aufgaben des Auftraggebers nicht einfach 1:1 als feste Vorgaben übernommen werden. Ich begreife die Aufgabenstellung vielmehr als Rohmaterial für die spätere Zielsetzung. Im Rahmen der laufenden Strategie entwickle ich die ursprüngliche Aufgabe zur Zielsetzung weiter, justiere und präzisiere sie. War das Ergebnis der vorangegangenen Analyse eine geänderte Aufgabenstellung, so bildet selbstverständlich die geänderte Version das Rohmaterial für die Zielentwicklung.

Damit man Kommunikationsziele sicher bestimmen und weiterentwickeln kann, sollte man wissen, welche Zielarten zu den Kommunikationszielen gehören. Die Methodik kennt drei große Arten von Kommunikationszielen:

› **Kognitive Wahrnehmungsziele („Awareness")** – Die Kommunikation will bestimmte Informationen in die Köpfe der Zielgruppen bekommen und dort verankern. Typische Wahrnehmungsziele sind in der Reihenfolge ihres Auftretens im kognitiven Prozess: Aufmerken – Erkennen – Verstehen – Lernen – Behalten – Erinnern.

› **Affektive Einstellungsziele („Acceptance")** – Hier kommt es darauf an, durch stimulierende Kommunikation in den Köpfen der Zielgruppe etwas emotional zu bewegen und im Sinne des Kommunikationsobjekts zu verändern bzw. zu festigen. Zu den Einstellungszielen gehören z. B. Interesse, Image, Sympathie, Loyalität, Vertrauen, Ansehen, Geltung, Reputation und Bindung.

› **Konative Handlungsziele („Action!")** – Hier will man bei den Zielgruppen bestimmte Handlungen auslösen. Zu unterscheiden sind auf der einen Seite verbale Handlungsziele wie z. B. Urteil, Fürsprache oder Empfehlung. Oder mentale Handlungsziele wie z. B. Kontaktaufnahme, Eventteilnahme, Besuch im Geschäft, Beitritt Kundenclub.

Um die Ziele richtig einschätzen zu können, muss man wissen, dass kognitive Wahrnehmungen und emotionale Reaktionen immer parallel laufen. Mit jeder Wahrnehmung wird auf der affektiven Ebene automatisch eine Emotion ausgelöst. Hinterlassen kognitive und affektive Reize einen bleibenden Eindruck, so steigt die Chance, dass als Ergebnis eine Handlung angestoßen wird.

In jedem zweiten Briefing entdecke ich Aufgaben, die den Rahmen der Kommunikation sprengen. Da will man mir Aufgaben auf die Pflichtenliste schreiben, die eigentlich Marketing- oder Vertriebsaufgaben sind. „Verbesserung der Kundenbindung" oder „Wir brauchen dringend mehr Verkaufsabschlüsse" ist im Briefing zu lesen. Viele andere Faktoren müssen stimmen und weitere Beteiligte außerhalb der Kommunikation mitwirken, damit diese Aufgaben zum Erfolg geführt werden können. Mit kommunikativen Mitteln allein wäre das nicht möglich. Solche generellen Aufgaben darf man keinesfalls als Kommunikationsziel akzeptieren, denn am Ende wird man daran gemessen und zieht den Kürzeren. Aus dieser Falle gibt es zwei Auswege. Einerseits kann ich die Aufgabe separat stellen und sie als übergeordnetes Ziel titulieren. Wenn ich dann das fertige Konzept vorstelle, versichere ich meinem Auftraggeber, dass die Kommunikation alles tun wird, um das übergeordnete Ziel zu erreichen, und zwar in vorbildlicher Weise, dass aber viele andere Bereiche daran mitwirken müssen und nur gemeinsam ein Erfolg möglich ist. Andererseits steht mir offen, die vorgegebene generelle Aufgabe in ein Kommunikationsziel zu transformieren. Drei Beispiele sollen das Transformationsprinzip verdeutlichen:

› **Aufgabe:** Die Zahl der Verkaufsabschlüsse steigern. **Übersetzung in Kommunikation**: Zahl der Interessenten im Ladengeschäft erhöhen.

› **Aufgabe:** Die Beschwerdequote über den Vertrieb senken. **Übersetzung in Kommunikation**: Freundlichkeitsoffensive bei den Mitarbeitern im Vertrieb starten.

› **Aufgabe:** Die Fluktuation der Mitglieder dämpfen. **Übersetzung in Kommunikation**: Das Loyalitätsgefühl der Mitglieder stärken.

Auch bei der Zielentwicklung nehme ich mir ein Notizblatt zur Hand. Auf das Blatt schreibe ich die in der Analyse definierten Kommunikationsaufgaben. Was da auf dem Blatt steht, sind noch keine ausgearbeiteten präzisen Kommunikationsziele, sondern nur Zielansätze, das Rohmaterial für die Zielentwicklung.

Wie einleitend definiert, beschreiben Ziele den Zustand am Ende des Weges. Da drängt sich die Frage auf: Ist der Weg zum Ziel frei oder gibt es unterwegs möglicherweise Ziellücken, die verhindern, dass die auf meinem Blatt notierten Zielansätze erreicht werden? Sollte es maßgebliche Lücken geben, dann muss ich danach nicht lange suchen. Sie wären im Schwächenfeld oder im Risikenfeld der SWOT-Analyse zu finden. Wobei mögliche Ziellücken aus dem Umfeld zu den Risiken gehören, die internen Lücken finden sich auf der Schwächenseite wieder. Erfahrungsgemäß tun sich in vielen Konzepten Ziellücken auf, deswegen gehe ich auf Nummer Sicher und greife zur SWOT, die ja noch auf meinem Tisch liegt. Ich schaue mir das Risiken- und das Schwächenfeld näher an und suche nach möglichen Lücken, die eine Zielerreichung nachhaltig verhindern könnten. Die vorhandenen Lücken schließe ich, indem ich ergänzende Zielansätze auf mein Notizblatt schreibe. Zuerst einige Beispiele für Lückenschließungen draußen im Umfeld:

› **Aufgabe aus dem Briefing:** Eine Bibliothek will die Zahl der Leser erhöhen. **Ziellücke im Risikenfeld:** Hohe Fluktuation der bisherigen Leser. **Ergänzendes Ziel zur Lückenschließung:** Loyalität der Stammleser erhöhen.

› **Aufgabe aus dem Briefing:** In der Stadt Y soll die Biotonne eine breitere Akzeptanz finden. **Ziellücke im Risikenfeld:** Umweltapathie in der Zielgruppe. **Ergänzendes Ziel zur Lückenschließung:** Systematische Sensibilisierung der Zielgruppe für den Umweltschutz

› **Aufgabe aus dem Briefing:** Positionierung des Marktplatzes Z als führenden Treffpunkt in der Stadt Y. **Ziellücke im Risikenfeld:** Kaum Medienberichte über den Platz. **Ergänzendes Ziel zur Lückenschließung:** Generierung einer positiven Medienresonanz.

Auch eine interne Lücke im Unternehmen kann die Zielerreichung ausbremsen. Deshalb schaue ich zusätzlich ins Schwächenfeld der SWOT-Analyse:

› **Aufgabe aus dem Briefing:** Erhöhung der Spenderbereitschaft in der Öffentlichkeit. **Ziellücke im Schwächenfeld:** Unkenntnis der Mitarbeiter zu den Spendenmodalitäten. **Ergänzendes Ziel zur Lückenschließung:** Intensive Information der betroffenen Mitarbeiter.

Durch die ergänzenden Ziele hat sich die Liste auf meinen Notizblatt verlängert. Ich achte aber darauf, dass die Liste keinesfalls ausufert. Ein gutes Konzept bleibt einfach. Diesen Satz nehme ich ernst und darum liegt die Anzahl der Ziele in meinen Konzepten fast immer im einstelligen Bereich.

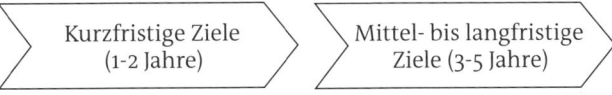

Kurzfristige Ziele (1-2 Jahre)   Mittel- bis langfristige Ziele (3-5 Jahre)

Im nächsten Schritt ordne ich die Zielansätze auf meinem Notizblatt in eine zeitliche Struktur ein. Ich unterscheide kurzfristige Ziele sowie mittel- und langfristige Ziele.

Kurzfristige Kommunikationsziele sind konkrete Vorgaben für ein bis maximal zwei Jahre. Die kurzfristigen Ziele sollen so weit wie möglich und sinnvoll durch konkrete Zielwerte messbar gemacht werden. Die Maßnahmenplanung im operativen Teil des Konzepts orientiert sich an den kurzfristigen Zielen. Die Ziele sind handfeste Arbeitsvorgaben für die tägliche Kommunikationsarbeit.

Die mittelfristigen und langfristigen Ziele stecken einen Zeitraum von drei bis fünf Jahren ab und sichern so einen stringenten Kommunikationskurs. Ohne Fernziel kann es passieren, dass die Kommunikationsarbeit von Jahr zu Jahr aus taktischem Kalkül das Ruder herumwirft und im Zickzack fährt. Die langfristigen Ziele sind so etwas wie die fixen Leitsterne für die Kommunikationsarbeit, die über mehrere Jahre hinweg eine klare Orientierung bieten. Da in der bewegten Welt von Marketing und Kommunikation keiner so genau abschätzen kann, was in ein paar Jahren sein wird, lege ich langfristig nur selten messbare Ziele fest, ich halte das für Kaffeesatzleserei. Aus dem gleichen Grund gehen meine langfristigen Kommunikationsziele auch nur selten über den Horizont von fünf Jahren hinaus.

Generierung einer positiven Medienresonanz, intensive Information der betroffenen Mitarbeiter – bisher stehen nur stichwortartige Zielansätze auf meinem Notizblatt. Sie sind zu allgemein gehalten, um als Kommunikationsziele zu taugen. Im letzten Arbeitsschritt der Zielsetzung nehme ich mir alle Zielansätze einzeln vor und formuliere sie zu konkreten Zielaussagen aus. Welche Konkretisierungen gehören in ein vernünftiges Kommunikationsziel? Hier folgt eine vollständige Auflistung aller möglichen Bausteine zur Zielkonkretisierung:

> **Zielkategorie (Was?)** – z.B. Bekanntheitsgrad, Erinnerungswert (kognitiv), Sympathie, Reputation (affektiv), Empfehlung, Kontaktaufnahme (konativ).

> **Zielrichtung (Wohin?)** – z.B. erhöhen, steigern, stärken (progressiv), dämpfen, senken, eindämmen (degressiv).

> **Zielmaß (Wie viel?)** – z.B. um 8% (Zahl), zwischen 12 und 16.000 (Intervall), stark, moderat (Wort).

> **Zielzeit (Bis wann?)** – z.B. innerhalb von zwölf Monaten (Intervall), bis zum 1. Januar 2012 (Endpunkt).

> **Zielgruppe (Für wen?)** – z.B. vorhandener Kundenstamm, Mitarbeiter im Außendienst, Publikumsmedien in Bayern.

> **Zielobjekt (Wer?)** – z.B. das neue Produkt, der Internetservice, das Unternehmen XY (komplettes Kommunikationsobjekt), die neuen Produkte der unte-

ren Preisklasse, der kostenlose Bereich des Internetservices (nur Teilbereiche des Kommunikationsobjekts)

› **Zielradius (Wo?)** – z. B. In Süddeutschland, in den neuen Bundesländern (geografisch), im Einzugsgebiet der Filiale A, im Vertriebsgebiet des Außendienstes Süd (logistisch)

› **Zielprämisse (Unter welchen Voraussetzungen?)** – z. B. nur, wenn das neue Produkt rechtzeitig aus der Erprobungsphase kommt, wenn die Wirtschaftskrise nicht auf den Handel durchschlägt.

Die Zielprämisse ist ein Sonderfall. Sie wird nur in bestimmten Fällen in die Zielsetzung eingebaut. Immer dann, wenn im Risiken- oder Schwächenfeld der SWOT ein Faktor (Schwäche „Produkt noch in Erprobung", Risiko „Wirtschaftskrise") fixiert wurde, der bei seinem Eintreten (Verzögerung der Produktveröffentlichung, Verschärfung der Wirtschaftskrise) ein maßgebliches Ziel blockieren würde, ist es ratsam, zur Absicherung eine entsprechende Prämisse in das Kommunikationsziel einzubauen.

Übrigens nehme ich nie alle obigen Bausteine, um eine Zielaussage zu konkretisieren. Das Ergebnis wäre ein Labyrinth und kein Ziel. Ich verwende nur die Bausteine, die notwendig sind, um den Zielen eine klar erkennbare Richtung zu geben. Das sind Beispiele für konkrete Kommunikationsziele aus der Praxis:

› Bis zum 31. Dezember 2012 haben sich mehr als doppelt so viele Krankenversicherte wie im Vorjahr beim neuen Online-Gesundheitsportal angemeldet.

› Mehr als 60 % der kulturinteressierten Bürger der Region kennen nach der Theaterpause im Sommer 2011 den Namen und die Idee des neuen Tanztheaters.

› Nach 12 Monaten können zwischen 70 und 80 % der Stammkunden des Teppichhauses Meier den neuen Sortimentsbereich Gardinen auf Nachfrage spontan benennen.

Ein Fragewort hat in der obigen Aufzählung der möglichen Zielkonkretisierungen gefehlt. Ich meine das Wörtchen „Wie?". Das hat einen guten Grund. Es ist methodisch falsch, die Technik oder das Instrument zur Zielerreichung in die Zielaussage einzubauen, denn damit trifft man eine strategische Eingrenzung, die nicht in den Zuständigkeitsbereich der Zielsetzung gehört. Entsprechende Festlegungen werden erst später im Konzept getroffen. So sollte die Zielsetzung infolgedessen nie aussehen:

› Erhöhung des Lerneffekts durch Dialogmaßnahmen (Fehler!) bei den Studenten in den naturwissenschaftlichen Fächern bis Ende des Sommersemesters.

> Die Nutzung der neuen Buslinie ist mittels umfangreicher Promotion (Fehler!) bis zum Fahrplanwechsel um 30% gestiegen.

Zum Ende der Zielsetzung schaue ich mir das gesamte Zielbündel noch einmal an und stelle mir selbst die Frage: „Hand auf Herz, wird dein Auftraggeber, wenn du ihn Monate nach Fertigstellung des Konzepts auf die Ziele ansprichst, diese noch im Kopf haben?" Nur wenn die Kommunikationsziele so einfach und schlüssig sind, dass sie sich einprägen und während der gesamten Umsetzung im Gedächtnis bleiben, hat die Zielsetzung ihre Aufgabe erfüllt und ist funktionstüchtig. Wenn die Ziele nur auf dem Papier stehen und vom Auftraggeber auf Nachfrage erst im Konzeptpapier nachgeschlagen werden müssen, dann ist etwas gehörig schief gelaufen.

Nano-Fall. Zielsetzung

Ein Blick in die Ist-/Soll-Brücke zeigt, dass es einen großen internen Handlungsbedarf gibt. Deshalb wird zwischen externen und internen Zielen unterschieden. Die Ziele haben ihre Wurzeln in der vorgegebenen Aufgabenstellung. Zusätzlich wurden erkennbare Ziellücken geschlossen.

Kurzfristige Ziele (bis Ende 2011)
> Externe Ziele
>> Ende 2011 kennen über 70% der relevanten KMU-Manager und -Ingenieure aus der Region die herausragende Nano-Kompetenz der TU.
>> Gleichzeitig fühlen sich die Manager und Ingenieure über die Nanotechnologien gut informiert und haben die Chancen für ihr Unternehmen erkannt.
>> Mindestens 20 Kontakte zu mittelständischen Unternehmen und deren Multiplikatoren sind aufgebaut. Erste Referenzpartner sprechen sich für die TU aus.
> Interne Ziele
>> Bereits im Frühjahr 2011 hat sich ein fester Informationsfluss zwischen den Nano-Beteiligten der TU etabliert und alle kennen den aktuellen Stand.
>> Mit den ersten Außenkontakten fangen die involvierten TU-Professoren und Mitarbeiter an, Nanotechnologie mit der Brille der KMUs zu sehen und die Anwendungschancen verständlich zu vermitteln.

Mittel- und langfristige Ziele (bis Ende 2015)
> Externe Ziele
>> Noch vor Ende 2015 ist das Image der TU Berlin als regionalen Kompetenzführer in der Nanotechnologie bei Unternehmen, Medien und Multiplikatoren fest etabliert.

> › Der TU Berlin ist es gelungen, ein stabiles regionales Netzwerk aufzubauen und gute Nano-Kontakte zu allen relevanten Mittelstandsunternehmen zu pflegen.
> › Interne Ziele
>   › Die Nanotechnologie konnte als 8. Schwerpunktthema der TU Berlin durchgesetzt werden und ist im Bewusstsein aller Entscheidungsträger der TU positiv verankert.

Die Positionierung

Unter Positionierung versteht man ein emotional geprägtes Bild in den Köpfen der Zielgruppen. Sofern ein Kommunikationsobjekt existent ist und wahrgenommen wird, hinterlässt es in den Köpfen automatisch ein Bild. Nicht positioniert zu sein, das geht nicht. Wenn man das Bild seines Kommunikationsobjekts nicht bewusst bestimmt und systematisch kommuniziert, wird die Position quasi von den Zielgruppen draußen fremdbestimmt. Da kann alles Mögliche rauskommen – und vielfach gerade das, was man eigentlich vermeiden wollte.

Beim „Sich ein Bild machen", formen die Menschen aus ganz wenigen Eindrücken immer ein geschlossenes Bild. Wenn das Kommunikationsobjekt lückenhaft oder undeutlich präsentiert wird, dann addiert das Gehirn unweigerlich die fehlenden Teile nach Gutdünken dazu. Zugleich darf die Positionierung keinesfalls zu beliebig oder zu weitläufig werden, das rächt sich sofort. Eine schwammige Positionierung ist so gut wie nicht existent, sie wird ignoriert und durch eine fremdbestimmte Position überlagert.

Eine gute Positionierung stiftet Identität. Sie bestimmt, mit welchem „signifikanten Selbst" mein Kommunikationsobjekt öffentlich in Erscheinung tritt. Die Kommunikation schafft eine Bühne, die Zielgruppen bilden das Publikum, und damit das Kommunikationsobjekt da oben einen erfolgreichen Auftritt hat und vom Publikum mit Beifall belohnt wird, muss man ihm eine überzeugende Rolle auf den Leib schneidern.

Die Positionierung kommt ursprünglich aus dem Marketing. Im Marketing bezeichnet sie eine Position im Markt im Vergleich zu den Mitbewerbern. In der Kommunikation geht es um ein psychologisches Abbild in der Vorstellungswelt meiner Soll-Zielgruppen. Nicht die Realität ist entscheidend, sondern das Bild in den Köpfen der Menschen. Im Zusammenhang mit der Positionierung stößt man auch immer wieder auf den Begriff „USP". Beim „Unique Selling Proposition" geht es um ein einzigartiges Leistungsmerkmal, das nur mein Kommunikationsobjekt hat und sonst niemand. Der „USP", der übrigens 1940 von Rosser Reeves erfunden wurde, hat sich in der modernen Kommunikation überlebt. Märkte und Umfelder sind so zugestellt, die Angebote und Botschaften so ähnlich und das Nachziehen der Konkurrenz geht so blitzschnell, dass echte, substanzielle Alleinstellungen eine Ausnahme geworden sind. Es ist Jahre her, dass ich in einem Konzept für mein Kommunikationsobjekt auf einen tatsächlichen USP zurückgreifen konnte, und es dauerte damals nur wenige Wochen, bis sich der USP wieder in Luft aufgelöst hatte, denn selbstredend zog die Konkurrenz sofort nach. Alles hat seine Zeit, die des USP ist vorbei. Stattdessen setze ich beim Positionieren alles daran, für mein Kommunikationsobjekt ein eigenständiges, schlankes Imageprofil auszuformen, das eine starke Persönlichkeit entwickelt, die sich abhebt und einprägt, aber nicht unbedingt einzigartig sein muss.

Schon beim ersten Briefinggespräch habe ich meinen Auftraggeber nach der Positionierung gefragt, denn eigentlich sollte das Kommunikationsobjekt von Haus aus bereits eine Positionierung mitbringen. In meiner Praxis mache ich jedoch die überraschende Erfahrung, dass mich die meisten meiner Auftraggeber erstaunt anschauen: „Positionierung? So richtig haben wir darüber noch gar nicht nachgedacht." In all den Jahren als Konzeptioner bekam ich im schriftlichen oder mündlichen Briefing nur selten eine verwertbare Positionierung mit auf den Weg. Deshalb ist es in der Regel meine Aufgabe, im Kontext der Strategie erstmals eine tragfähige Positionierung für das jeweilige Kommunikationsobjekt zu entwickeln und umzusetzen.

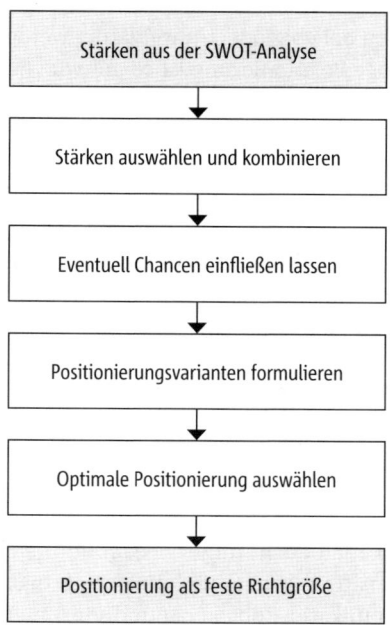

Die grundlegende Faustregel der Positionierung sagt schon, wo es langgeht: „Positionierung heißt, sich darauf zu besinnen, worin man richtig gut ist." Der Schürfgrund der Positionierung liegt damit in der SWOT-Analyse. Denn worin man richtig gut ist, das steht auf der Stärkenseite der SWOT. Ich ziehe also die vorhandenen Stärken als Ausgangspunkt für die Positionierung heran. Dazu passende Chancen werden als Beschleuniger angemessen einbezogen. Das Ergebnis stellt eine Soll-Position dar. Die Positionierung ist noch nicht realisiert, aber die gesamte Kommunikationsarbeit schreibt sie sich auf die Fahnen und tut alles, um sie zukünftig in den Köpfen fest zu verankern.

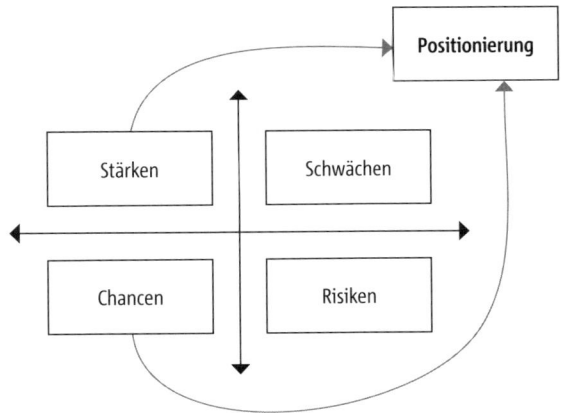

Ich nehme meine SWOT-Analyse, schaue mir jede Stärke genau an und schätze ihre Kraft und ihre Entwicklungsmöglichkeiten ein. Je spitzer je besser, aus diesem Grund nehme ich zuerst nur eine einzige Stärke, idealisiere sie, entwickle sie in die Zukunft weiter und positioniere sie in einer „Starrolle" auf der öffentlichen Bühne. Positionieren hat durchaus etwas mit Idealisieren zu tun. Man überhöht und schafft ein Idealbild. Die Idealisierung darf aber nicht so weit gehen, dass sie zur Hochstapelei wird.

Leider ist es in der Realität meist so, dass eine einzelne Stärke für sich allein genommen kaum so viel Bühnenpräsenz entfaltet, dass sie als Solistin den öffentlichen Auftritt gestalten könnte. Deshalb ist es methodisch erlaubt, zwei oder drei Stärken zu einer schlüssigen Persönlichkeit zu verschmelzen. Man beachte, dass ich „verschmelzen" geschrieben habe. Die Stärken dürfen nämlich nicht mit Gewalt zusammengebogen werden und in verschiedene Richtungen überstehen. Sie müssen eine Einheit bilden. Außerdem ist es streng verboten, dass man vier, fünf, sechs, sieben und mehr Stärken zu einer Positionierung kombiniert, denn dann ist man bei einer „eierlegenden Wollmilchsau" angelangt, die für alles Mögliche, aber für nichts richtig steht. Da wird Beliebtheit mit Beliebigkeit verwechselt. Heraus kommt ein Kompromiss, der es allen recht machen will. Gute Positionierungen sind dagegen klare Bekenntnisse. Sie stiften Identität und entwickeln Geltung. Die Zielgruppe fragt: „Wofür stehst du?" Die Antwort ist ein einprägsames Credo nach dem Motto: „Das bin ich! Darauf könnt ihr euch verlassen!"

Das Bekenntnis sollte möglichst kurz sein – ein, zwei, maximal drei Sätze. Im konkreten Einzelfall reicht hin und wieder sogar nur ein einziges magisches Wort als Bildbeschreibung. Die ausformulierte Positionierungsaussage selbst kommt so nie direkt in die Kommunikation, sie versteht sich als strategische Festlegung. Dennoch sollte sie genügend Ambition haben, um die Beteiligten beim Lesen oder Präsentieren zu begeistern. Gute Positionierungen entwickeln Potentiale und regen die Fantasie der Beteiligten an. Alle internen Kommunikationsakteure sollen sich mit der Positionierung identifizieren und sie in Zukunft in ihrer Kommunikationsarbeit lebendig machen. Damit sich jeder ein Bild machen kann, schließen sich vier Positionierungsbeispiele aus meiner Praxis an:

› Ein Dienstleister für die Qualitätssicherung: **Wir sind keine Berater, sondern persönliche Trainer. In der Disziplin Qualitätssicherung bringen wir jeden Kunden in Topform.** – Stärken: hochqualifizierte Berater, individuelle Beratungskonzepte; Chance: hohe Beraterfluktuation bei der Konkurrenz.

› Ein Reiseveranstalter: **Die Jugendreisen von Freebird sind Actionfilme, die man sich nach eigenen Wünschen frei zusammenstellen kann** – Stärken: modulare Reisepakete, ungewöhnliche Reiseangebote.

› Eine Berliner Galerie: **Andere machen Kunstzirkus. Unsere Galerie steht für die neue Ernsthaftigkeit** – Stärken: respektvolle Präsentation von Kunst, Auseinandersetzung mit dem Werk im Vordergrund; Chance: steigende öffentliche Kritik am Kunstrummel.

› Ein technischer Kundenservice: **Die Problemlösungssprinter!** – Stärken: schnellste Servicereaktion im Branchenvergleich, versiertes Serviceteam.

Ich probiere aus, kombiniere verschiedene SWOT-Stärken, packe, falls es passt, eine Chance hinzu, entwickle das Bild in die Zukunft weiter und schau mir das Ergebnis an. Manche Positionierungsvarianten wirken schräg und werden wieder verworfen. Aber bei jedem Konzept behalte ich am Ende zwei bis drei, manchmal sogar vier Positionierungsvarianten übrig, von denen ich der festen Überzeugung bin, dass sie sich in der Realität bewähren würden. Am Beispiel einer Einkaufsstraße in Citylage, die sich gegen das mächtige Shopping-Center auf der grünen Wiese durchsetzen muss, will ich die Variationsmöglichkeiten verdeutlichen:

› **Der Molkemarkt ist die Einkaufsstraße mit der großen Vielfalt in 133 kleinen Läden voller Überraschungen.** – Die erste Variante ist eine Positionierung über die individuelle Vielfalt des Angebots.

› **Der Molkemarkt verbindet romantisches Altstadtflair mit modernen Marken und Geschäften im Herzen der Stadt** – Die zweite Variante ist eine Positionierung über die zentrale Lage und das besondere Ambiente.

› **Mehr als nur Einkauf. Am Molkemarkt kann man Schlemmen, Entspannen, Kunst genießen, Kino besuchen, zu Tanz und Fitness gehen** – Die dritte Variante arbeitet eine Positionierung heraus, die Einkauf mit Stadtkultur verbindet.

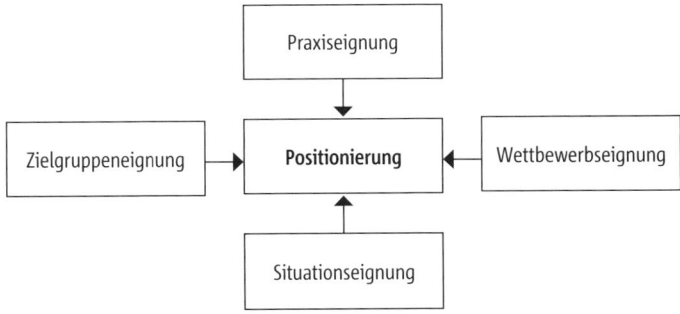

Vor mir auf dem Notizblatt stehen mehrere ausformulierte Positionierungsvarianten. Jede hat etwas. Nur welche ist die Beste? Man könnte jetzt seine Intuition sprechen lassen und auswählen. Ich verlasse mich lieber auf eine Eignungsprüfung. Die Prüfung setzt den Sensor an vier Stellen an:

› **Zielgruppeneignung** – Die Positionierung bestimmt die Rolle auf der öffentlichen Bühne. Sie muss dem Publikum (= Zielgruppen) gefallen, nur dazu wurde sie geschaffen. Ich rufe die wichtigen Zielgruppen vor mein geistiges Auge, konfrontiere sie in Gedanken mit jeder der Positionierungsaussagen und lasse sie darauf reagieren. Was passiert? Finden sie Zugang oder bleiben sie auf Distanz? Vor allem die Motivlage werde ich überprüfen. Wie gut dockt die Positionierung an die vorhandene Motivation an. Falls Positionierung und Zielgruppen nicht richtig zusammenkommen, muss ich entweder an der Positionierungsaussage drehen oder sie als „ungeeignet" kippen.

› **Wettbewerbseignung** – Eine gute Positionierung besetzt einen Freiraum im Kommunikationswettbewerb und hebt sich heraus. Sollte es im Kommunikationswettbewerb relevante Mitbewerber geben, die auf der gleichen Position stehen, dann wird es schwierig. Es entsteht Verdrängungswettbewerb, der in letzter Konsequenz bedeutet, dass man mehr Druck (=höheren Etat) einsetzen muss, um die eigene Position in den Köpfen der Leute durchzusetzen. Das versuche ich tunlichst zu vermeiden und grenze meine Positionierung eindeutig von der Konkurrenz ab.

> **Situationseignung** – Ich schaue in die SWOT und begutachte die Felder Risiken und Schwächen. Gibt es in diesen beiden Feldern Faktoren, die direkt auf meine Positionierung abstrahlen und diese negativ beeinflussen? Sollte ich tatsächlich Gegenkräfte entdecken, die meiner Positionierung im Weg stehen, dann schätze ich ein, wie stark die Kräfte sind. Sind sie nur schwach ausgeprägt, dann kann ich sie getrost ignorieren und dennoch positionieren. Erscheinen sie mir stark, dann prüfe ich als Nächstes, ob ich das Risiko oder die Schwäche ausschalten kann. Wenn ja, dann sehe ich entsprechende Gegenmaßnahmen vor. Wenn Risiko oder Schwäche nur schwer auszuschließen sind, dann leuchtet das rote Alarmlicht auf. Die Positionierung ist wahrscheinlich ungeeignet.

> **Praxiseignung** – Ich nehme mir für jede Positionierungsaussage fünf Minuten Zeit und starte ein kleines Brainstorming. Was lässt sich aus der Positionierung entwickeln? An kreativen Ideen? An Sinnbildern? An Themen? An Maßnahmen? Da gibt es dann Positionierungen, bei denen fällt mir absolut nichts ein, die sind spröde bis zum Anschlag. Bei anderen öffnet sich ein Kosmos von kreativen und operativen Möglichkeiten. Letztere bevorzuge ich.

Am Ende des Eignungstests hat sich zumeist eine Positionierungsvariante von den anderen abgesetzt und die Entscheidung ist klar: die wird's und sonst keine.

Von dieser Sekunde an wird die ausgewählte Positionierung zum Urmeter der gesamten Kommunikation. Alles ist der einen Position verpflichtet, sie bildet ab sofort das Maß aller Dinge. Alle Botschaften, alle kreative Ideen und alle Maßnahmen handeln im Sinne der Positionierung. Alle Kommunikationsaktivitäten, die nicht ins Maß passen, sind strengstens verboten. Baut das Unternehmen seine gesamte Kommunikation konsequent auf die Positionierung auf und kann die Positionierung wirklich überzeugen, dann dauert es nur kurze Zeit, und das Bild setzt sich in den Köpfen der Zielgruppen fest und erlangt Geltung.

Eine einmal fixierte Positionierung hat langfristigen Bestand. Man denkt nicht jedes Jahr über eine neue Positionierung nach, sondern bleibt einer erfolgreichen Position lange treu. Dennoch ist eine Positionierung keine starre Größe, wie jede Persönlichkeit steht sie im Leben, verändert und entwickelt sich weiter. Die Weiterentwicklung beschreibt eine stringente Entwicklungslinie und wird zur attraktiven Erfolgsgeschichte.

Nano-Fall. Die Positionierung

Die Positionierung verschmilzt die Stärken „Nano-Kompetenzführerschaft", „hochmotivierte Spitzenforscher" und „attraktive Nano-Projekte für KMUs"und kombiniert sie mit der Chancen der „steigenden Innovationsbereitschaft des regionalen Mittelstands" und der „gut mit der TU vernetzten Region":

Im Kleinen ganz groß.
Grundlagenforschung für den Mittelstand.
Wir von der TU Berlin gehören zur internationalen Spitze der Nanoforschung und sind zugleich eng mit Berlin und Brandenburg verbunden. Das macht uns zum idealen Partner für innovationsfreudige Mittelständler aus der Region, die ihre anwendungsorientierten Ideen in die Tat umsetzen wollen.

Die Dachbotschaften formulieren

Unternehmen und Institutionen haben heutzutage ein breites Repertoire an Kommunikationsinstrumenten im Einsatz: Anzeigen, Broschüren, Werbefilme, Pressemitteilungen, Websites, Vorträge, Mailings und vieles mehr. Die Instrumente transportieren Informationen, das ist ihre Aufgabe. Wahrscheinlich käme ein Manuskript in Lexikonstärke zusammen, wenn man alle Informationsinhalte, die übers Jahr veröffentlicht werden, in einem Dokument zusammenfassen würde. Aber ganz gleich wie umfangreich und vielfältig die veröffentlichten Informationen sind, sie richten sich immer an den Dachbotschaften aus. Funktion der Dachbotschaften ist es, inhaltliche Leitlinien für die gesamte Kommunikationsarbeit zu schaffen und allen Kommunikationsinhalten gemeinsame Grundwerte zu geben.

Dachbotschaften werden immer von der Positionierung aus entwickelt. Diese beiden Strategiepfeiler sind „schicksalhaft" miteinander verbunden. Die Dachbotschaften bilden eine Kausalkette, die die Plausibilität der Positionierung sichert. Während man mit der Positionierung bestimmt, wofür das Kommunikationsobjekt steht, umreißen die Dachbotschaften, was aus der Position heraus Wesentliches vermittelt werden soll. Die Positionierung steht für „Ich bin". Die Dachbotschaften sagen: „Ich bin, also sage ich euch".

An den vorgegebenen Leitlinien der Dachbotschaften müssen sich alle Beteiligten ausnahmslos halten. Sie gelten für den Pressesprecher im Vorstand genauso wie für den Forscher in der F&E-Abteilung oder den Vertriebsmann draußen beim Kunden. Ausnahmeregelungen und Befreiungen gibt es nicht.

Nur wenn alle mit einer Stimme sprechen, bekommen die Zielgruppen einen stimmigen Eindruck.

Die Faustregel beim Zusammenstellen der Botschaften lautet: „Weniger als drei und mehr als sieben gute Gründe wecken Zweifel." Gehe ich mit weniger als drei Dachbotschaften in die Kommunikation, dann mag das in sonnenklaren Situationen funktionieren. Meist stellt sich jedoch heraus, dass ein oder zwei Dachbotschaften einen ziemlich schmalen Argumentationsgrad bilden, der im Kommunikationsalltag draußen bei den Zielgruppen intuitiv Misstrauen erzeugt: „Mehr spricht nicht dafür? Aber hallo, da stimmt doch was nicht!"

Die Zahl der Dachbotschaften sollte andererseits auch nicht zu groß sein. Der bekannte Psychologe Georg Miller hat 1956 einen legendären Artikel unter der Überschrift „Die magische Zahl 7 plus/minus 2" veröffentlicht. Darin stellt er fest, dass sich die Menschen im Durchschnitt sieben Informationsschritte merken können. Manche etwas mehr, andere etwas weniger. Meine Erfahrung bestätigt diese Regel. Arbeite ich mit mehr als sieben Botschaften, ist die Gefahr groß, dass auf dem Weg zur Zielgruppe die Argumentationskette zerfällt und einzelne Botschaften verloren gehen. Eine zu lange Kausalkette bekommt schnell Gedächtnislücken. Hinzu kommt, dass komischerweise auch bei zu vielen Botschaften in der Zielgruppe Misstrauen aufkeimt: „So viele Argumente brauchen die? Da scheint was nicht zu stimmen!" – Selbst sieben Dachbotschaften sind mir persönlich schon zu viel, ich versuche bei jedem Konzept, die Kommunikationsinhalte an drei bis fünf sinngebenden Dachbotschaften auszurichten – und meistens gelingt das.

Bei der inhaltlichen Bestimmung der Botschaften führt der Weg, wie so oft innerhalb der strategischen Arbeit, über die SWOT-Analyse. Die Dachbotschaften werden aus den vier Faktorenfeldern der SWOT-Analyse für die Zukunft entwickelt. In der Regel leiten sich die Botschaften aus dem Stärkenfeld ab – getreu der Devise: Lass für dich sprechen, was für dich spricht. Bisweilen kann auch aus einer Chance, einer Schwäche oder einem Risiko eine Dachbotschaft entstehen. Aber das sind eher die Ausnahmen.

Ich greife wieder auf meine SWOT zurück und nehme zuerst die Stärkenseite unter die Lupe. Wenn ich Glück habe, spricht vieles für mein Kommunikationsobjekt und es sind dort ein gutes Dutzend Stärken oder noch mehr zusammengekommen. Die Liste schreibe ich mir heraus. Mehr als ein Dutzend Botschaften wären indes zu viel, um aus jeder Stärke eine Botschaft zu machen, deshalb muss ich filtern und konzentrieren.

Ich arbeite die Liste durch und treffe auf Stärken, die im offenen Widerspruch zu meiner Positionierung stehen. Die Positionierung lautet zum Beispiel:

„Der Verband XY ist der unkonventionelle Innovationskatalysator für mittelständische Unternehmen der Branche Z" Beim näheren Hinsehen stolpere
ich in der SWOT über die Stärke: „Lange Tradition. Verband ist über 175 Jahre
alt". Die lange Tradition kann sich sehen lassen, sie will jedoch so gar nicht
zum dynamischen Innovationsanspruch der Positionierung passen. Folglich
wäge ich ab, ob ich die Tradition tatsächlich in den Rang einer Dachbotschaft
erheben sollte – und entscheide mich wahrscheinlich dagegen. Alle Stärken,
die sich nicht in die von der Positionierung ausgehende Kausalkette einglie-
dern lassen, filtere ich heraus.

Beim zweiten Durcharbeiten suche ich nach Stärken, die draußen bei den
Zielgruppen auf wenig Gegenliebe stoßen dürften – zum Beispiel: „Unternehmer Peter Mustermann steht seit 35 Jahren an der Spitze des Unternehmens". Ohne Zweifel ist Kontinuität in der Führung eine echte Stärke, aber es
fragt sich, ob sie viel bewegen kann, wenn die Schlüsselzielgruppen „junge,
trendbewusste Großstadtbewohner zwischen 15 und 29 Jahren" sind. Alle
Stärken, die nicht die Interessen- und Motivlage der Zielgruppen berühren,
taugen nicht für eine Dachbotschaft. An dieser Stelle kommt es bisweilen zu
Kämpfen mit meinem Auftraggeber. Unternehmen und Institutionen lieben
es nämlich, sich mit ihren Dachbotschaften in die Brust zu werfen und die
Zielgruppen aus den Augen zu verlieren. Ich versuche mit aller Überredungs-
kunst, Nabelschauen und Muskelspiele zu verhindern, denn alle selbstbezo-
genen Botschaften laufen ins Leere. Der Köder soll bekanntlich nicht dem
Angler, sondern dem Fisch schmecken.

Durch die Filterung hat sich die Zahl der Botschaften inzwischen deutlich
reduziert. Die übrig gebliebenen Stärken stehen als Bausteine für meine
Dachbotschaften zur Verfügung. Stärken mit hoher Eigenständigkeit baue
ich einzeln zu einer Dachbotschaft aus. Alle anderen Stärken clustere ich, das
heißt, ich verknüpfe Sie zu sinnvollen Zweier- und Dreier-Kombinationen.
Durch das Clustern dürfen sich keinesfalls verschachtelte Aussagen ergeben.
Die Dachbotschaften müssen stromlinienförmig bleiben und auf den ersten
Blick zur Einsicht führen:

› **Die Stärken eines Werkzeughersteller clustern**: „Gut ausgebildete Beleg-
schaft" plus „Viel Berufserfahrung" plus „Ständige Weiterbildung" ist gleich
„Erfahrene Profis".

› **Die Stärken eines bekannten Geldinstituts clustern**: „Viele Filialen" plus
„Zentrale Lage" ist gleich „Nahe beim Kunden".

› **Die Stärken eines Sportvereins clustern**: „Breites Angebot Erwachsenen-
sport" plus „Vorbildliche Kinderbetreuung ist gleich „Sport für die ganze Familie".

Als Nächstes wechsle ich ins Chancenfeld über. Eine Chance trägt eine Dachbotschaft niemals im Alleingang, sie wird immer zusammen mit passenden Stärken ins Gespräch gebracht. In der richtigen Verbindung von eigener Stärke und externer Chance liegt eine besondere Durchschlagskraft. Ich prüfe, wo und wie sich schlagkräftige Verbindungen herstellen lassen. Ich baue nur Chancen in Dachbotschaften ein, die volle Kraft entfalten und der Kommunikation einen echten Schub bringen:

› **Der Werkzeughersteller nutzt seine Chance:** Stärke „Erfahrene Profis" plus Chance „Markt im Wandel" ist gleich „Erfahrenen Profis machen fit für den Wandel".

› **Das Geldinstitut nutzt seine Chance:** Stärke „Nahe beim Kunden" plus Chance „Zielgruppe will wenig Zeit aufwenden" ist gleich „Unsere Kundennähe spart kostbare Zeit".

› **Der Sportverein nutzt seine Chance:** Stärke „Sport für die ganze Familie" plus Chance „Starkes Gesundheitsbewusstsein" ist gleich „Unser Sportangebot hält die ganze Familie gesund".

Nach den Chancen gehe ich in die Felder der Schwächen und Risiken. Zu prüfen ist, ob es dort einen Faktor gibt, der starkes negatives Potenzial hat und meine Kommunikation gefährdet, weil sich meine Zielgruppen später mit hoher Wahrscheinlichkeit ständig daran aufhängen. Existiert eine solche Bedrohung, dann versuche ich eine Dachbotschaft als Gegenserum aufzubauen. Die Botschaft nutzt stets vorhandene Stärken, um die Bedrohung zu neutralisieren oder ins Positive zu drehen:

› **Der Werkzeughersteller geht eine Schwäche an:** Stärke „Erfahrene Profis" plus Schwäche „Hoher Servicepreis" ist gleich „Erfahrene Profis garantieren ein optimales Preis-/Leistungsverhältnis".

› **Das Geldinstitut geht eine Schwäche an:** Stärke „Kundennähe" plus Schwäche „Bei Beratung Anmeldung erforderlich" ist gleich „Unsere persönliche Beratung ist näher am Kunden."

› **Der Sportverein neutralisiert ein Risiko:** Stärke „Sport für die ganze Familie" plus Risiko „Konkurrenz der Fitness-Center" ist gleich „Bei uns bleibt Familiensport bezahlbar und wird zum Gemeinschaftserlebnis".

Bisher habe ich nur stichwortartige Faktoren aus der SWOT gesichtet, selektiert und kombiniert. Es sind Aussagen wie „Erfahrene Profis garantieren ein optimales Preis-/Leistungs-Verhältnis" oder „Bei uns wird Familiensport zum Gemeinschaftserlebnis" entstanden. Die Zielgruppen reagieren auf solche Proklamationen eher misstrauisch: „Das kann doch jeder behaupten." Unternehmens- und Marketingkommunikation hat in der Öffentlichkeit keine hohe Glaubwürdigkeit. Die Leute haben schon viele schlechte Erfahrungen gemacht und sind vorsichtig geworden. Deshalb darf keine Dachbotschaft den Charakter einer puren Behauptung haben. Dachbotschaften sind tragende Säulen der Kommunikationsstrategie, sie müssen felsenfest auf dem Boden der Tatsachen stehen und Beweiskraft entwickeln. Weil dem so ist, suche ich für jede angehende Dachbotschaft glaubwürdige Indizien. Ich gehe in meinen Faktenspiegel und ziehe dort die nötigen Beweise heraus. Wenn sich im Faktenspiegel keine Beweise finden lassen, dann ist jetzt der Zeitpunkt für eine gezielte Nachrecherche gekommen. Werde ich auch in der Nachrecherche nicht fündig, dann ist klar, dass ich in meiner vorangegangenen Analysearbeit einen methodischen Fehler gemacht habe. Mir ist ein Faktor ins Stärkenfeld der SWOT gerutscht, der in Wirklichkeit gar keine Stärke darstellt. Für echte Stärken lassen sich nämlich immer gute Gründe finden. Als Konsequenz streiche ich die vermeintliche Stärke aus meiner SWOT und aus meinen strategischen Überlegungen.

Aus den Behauptungen sind durch die Integration der adäquaten Begründungen überzeugende Dachbotschaften geworden. Aber überzeugen sie wirklich? An dieser Stelle kommen mal wieder meine Zielgruppen ins Spiel. Die Menschen sind von Natur aus an ihrem Vorteil interessiert, sie wollen belohnt werden. Jede Botschaft muss deshalb einen Anschluss an die Interessenlage der relevanten Zielgruppe finden. Die Zielgruppe will wissen, was sie davon hat. Deshalb feile ich noch einmal an den Dachbotschaften, bis sie sauber zur Erwartungshaltung meiner Zielgruppen passen:

› Werkzeughersteller W setzt in der Beratung ausschließlich erfahrene Profis **(Botschaftsbasis)** ein, die alle eine Hochschulausbildung und mindestens 7 Jahre Berufserfahrung haben **(Begründung)**. Die Kunden können sich entspannt zurücklehnen und alle Probleme den Profis überlassen **(Belohnung)**.

› Mit 78 Filialen in allen Teilen der Stadt **(Begründung)** ist das Geldinstitut G näher am Kunden **(Botschaftsbasis)** als alle anderen lokalen Banken. Die Berater sind wie gute Nachbarn, auf die man sich verlassen kann **(Belohnung)**.

› Der Sportverein S hat sich auf den Sport für die ganze Familie **(Botschaftsbasis)** eingestellt. Über 800 Familien **(Begründung)** tun im Verein mehr für ihre Gesundheit und profitieren dabei von der besonders günstigen Familienmitgliedschaft **(Belohnung)**.

Ich bitte zu beachten, dass die Folge aus Basis – Begründung – Belohnung eine methodische Hilfskonstruktion ist, die den Weg zur funktionierenden Dachbotschaft erleichtern soll. Das heißt nicht, dass alle Dachbotschaften zukünftig sauber in Dreierschritten aufgebaut sein müssen. Jede Satzkonstruktion ist erlaubt, so lange sie Begründung und Motivanschluss für die Zielgruppe impliziert.

Basis	Begründung	Belohnung
Faktoren aus der SWOT	Belegbare Indizien für den Stärkenkern	Zuspitzung auf die Interessenlage der Zielgruppe

Je nach Aufgabenstellung und Zielgruppenkonstellation kann es notwendig werden, für ein bestimmtes Zielgruppensegment – z.B. die Mitarbeiter oder die politischen Entscheider – eine oder mehrere spezifische Teilbotschaften zu entwickeln. Da das Zielgruppensegment partikulare Einzelinteressen hat, muss ich es durch spezifische Botschaften individuell abholen und mitnehmen. Die Teilbotschaften gelten ausschließlich für das betreffende Segment. Sie werden nur in die Strategie eingebaut, wenn es unbedingt erforderlich ist. Weil ansonsten besagte Zielgruppe auf Distanz bleiben würde und damit der gesamt Kommunikationserfolg gefährdet wäre. Anderenfalls gilt, dass die Argumentationslinie der Dachbotschaften so schlank und ökonomisch wie möglich zu halten ist. Redundante Botschaften sind unbedingt zu vermeiden.

Zwischenzeitlich stehen die Dachbotschaften untereinander, sie sind fertig ausformuliert. Zur Sicherheit mache ich noch einen abschließenden Check. Ich überprüfe, ob die Dachbotschaften und die Positionierung tatsächlich eine schlüssige Kausalkette bilden. Auf einem Blatt schreibe ich alle Dachbotschaften untereinander, ich ziehe einen Strich und schreibe als Summe unter die Botschaften meine Positionierung. Geht die Summe sauber auf? Oder klafft da eine Glaubwürdigkeitslücke? Oder sind die Botschaften schon zu viel des Guten und es bleibt ein überschüssiger Rest? Nachfolgend mache ich am Beispiel der Dachbotschaften für das Ratgeberbuch „Gesund Ernähren für kleines Geld" eine Rechnung auf:

› Auf 476 Seiten werden alle wichtigen Aspekte gesunder Ernährung ausführlich vorgestellt. Keine Frage bleibt offen.
› Alle Tipps und Tricks sind auf den kleinen Geldbeutel zugeschnitten. Es gibt sogar spezielle Kapitel für Studenten, Hartz IV-Empfänger und Senioren.
› ~~Das Ratgeberbuch ist auch ein ästhetischer Genuss. Es wurde von einem bekannten Buchdesigner gestaltet und hat bereits einen Typografie-Award gewonnen.~~
› Auf die Tipps ist Verlass, denn der Autor arbeitet seit 19 Jahren in der Ernährungsberatung. Alle Inhalte wurden vom Institut für Ernährungsforschung geprüft.

= Das neue Ernährungsbuch ist der verlässliche Ratgeber für Menschen, die wenig Geld haben und sich dennoch gesund ernähren wollen.

Wie man sieht, habe ich nachträglich eine Dachbotschaft gestrichen. Der Verlag war zwar stolz auf Design und Award, aber unter dem Strich verlässt die dritte Dachbotschaft die Linie der Positionierung und eröffnet eine neue Argumentationsfront.

Genau wie die Positionierung, so sind auch die Dachbotschaften strategische Richtgrößen und noch keine Schlagzeilen oder Slogans. Alle Beteiligten vom freien Journalisten über den Broschürentexter und den Redenschreiber bis hin zum Grafiker bekommen die Dachbotschaften als Richtwerte, um sie in knackige Überschriften, Themen, Bilder oder Geschichten zu übersetzen. Die Botschaften werden damit zu „Sinnskripten" für die inhaltliche Gestaltung aller Kommunikationsmittel.

Bisher habe ich mich nur mit den verbalen Botschaftsinhalten beschäftigt. Botschaften beinhalten aber neben den expliziten, verbalen Inhalten immer auch implizite, nonverbale Codes. Man darf diese Seite der Botschaften keinesfalls vernachlässigen, denn bei Diskrepanzen zwischen expliziten und impliziten Codes gewinnen fast immer die impliziten Codes. Botschaften entfalten sich nur dann zu voller Größe, wenn die implizite Codierung in die strategischen Überlegungen einbezogen wird. Es muss die richtige Tonalität gefunden werden.

Neben den Botschaftsinhalten gibt es in meinen Konzepten häufig auch eine Gebrauchsanweisung, wie mit den Inhalten auf der impliziten Ebene umzugehen ist. Ich formuliere eine Art Beipackzettel für die richtige Anwendung der inhaltlichen Wirkstoffe. Dieser Beipackzettel gibt klare Orientierungsregeln für die emotionale Codierung der Botschaften:

› **In der Designwelt** – Wie sollen die Botschaften in Gestaltung übersetzt werden, damit sie die Positionierung überzeugend transportieren? In wenigen Stichworten beschreibe ich Tonalität und Stil – zum Beispiel: „Zeitlose Designsprache, die auf schrille Stilelemente bewusst verzichtet. Großzügige Gestaltung mit wenigen Elementen und viel Freiraum. Unsere Botschaften können atmen."

› **In der Bilderwelt** – Wie werden die Botschaften in Fotos und Illustrationen übersetzt? Ich umschreibe die Bilderwelt – zum Beispiel: „Keine technischen

Bilder – wenn Maschinen, dann als ästhetische Ereignisse und nicht als komplizierte Gerätschaften. Die Maschinen sind immer zusammen mit Menschen in Aktion zu sehen. Wir setzen keine Models, sondern authentische Akteure ein."

› **In der Wortwelt** – Welche Worte werden gewählt und wie werden Geschichten erzählt, um die Botschaften lebendig werden zu lassen? Auch zum „Wording" treffe ich klare Aussagen – Zum Beispiel: „Der Text verzichtet auf werbliche Übertreibungen, strahlt Kompetenz aus, aber mit bewusstem Verzicht auf die branchenüblichen Fremdworte. Die Geschichten machen die Kunden zu Helden und stellen ihre Erfolge dar."

Die Beschreibungen der nonverbalen Botschaftsanteile wenden sich in erster Linie an das verantwortliche Kreativ- und Umsetzungsteam. Ihre Aufgabe ist es, die strategischen Dachbotschaften in Bilder, Geschichten und Erlebnisse zu transformieren, und dabei nicht nur die Inhalte rüber zu bringen, sondern auch die richtige Tonalität zu treffen. Manche meiner Kollegen schreiben zu diesem Zweck keinen Beipackzettel wie ich, sondern arbeiten mit „Moodboards". Das sind Bild- und Textcollagen, die den Beteiligten die passenden Anmutungen und Stimmungsbeispiele bei der Ausgestaltung der Botschaften geben. Auf den Moodboards kombinieren sie vorhandene Fotos aus Zeitschriften und Fotoarchiven, stellen typische Schlagworte und Zitate dazu. Die Collage atmet die gewünschte Tonalität: Genau so sollen sich die Dachbotschaften später anfühlen.

Der Nano-Fall. Dachbotschaften

Die Botschaften gehen vom Selbst-Verständnis der Positionierung aus. Von diesem Punkt aus entsteht eine Argumentationslinie für die Nano-Kompetenz der TU Berlin, die sich aus den zielgruppenrelevanten Stärken aufbaut und an den passenden Stellen durch eine Chance unterfüttert wird:

› **Groß im wissenschaftlichen Potenzial** – Die Forscher der TU Berlin haben zahlreiche Wissenschaftspreise gewonnen und gehören zur Weltspitze. Wir entwickeln Nano-Anwendungen, die international führend sind und unseren Partnern einen attraktiven Marktvorsprung verschaffen.

› **Groß in technischer Ausstattung** – Technik und Apparate der TU Berlin, wie die neue NanoWerkbank oder das nanophotonische Zentrum, setzen Maßstäbe. Wir bieten unseren Partnern hohe Sicherheit und zugleich modernste Forschungsstandards.

> **Groß in interdisziplinären Lösungen** – Die TU Berlin engagiert sich in vielen wichtigen Bereichen der Nanotechnologie von Physik über Chemie bis zu Elektronik. Wir forschen übergreifend und entwickeln zukunftsweisende Grundlagen für viele Branchen und Produkte der mittelständischen Wirtschaft.

> **Groß in der Vernetzung** – Die TU Berlin engagiert sich in zahlreichen wissenschaftlichen und wirtschaftlichen Netzwerken. Wir haben beste Verbindungen in die Region und in die weltweite Nanoforschung und davon profitieren unsere Partner.

> **Groß in marktreifen Anwendungen** – Die TU Berlin macht aus guten Ideen ausgereifte Nano-Anwendungen wie z. B. den neuen 40 GB-Chip von Intel. Wir stellen uns auf die Anforderungen des Mittelstands ein und stehen unseren Partnern bis zur Marktreife immer zur Seite.

Die Handlungsstrategie

Mit den strategischen Koordinaten von Zielgruppen und Zielsetzung bestimmt das Konzept, wer und was dort draußen im Umfeld erreicht werden soll. Mit der anschließenden Positionierung und den Botschaften stellt das Konzept die Persönlichkeit des Kommunikationsobjekts und seine programmatischen Grundaussagen auf die Beine. Jetzt bleibt noch die Antwort auf die Frage, wie man die Botschaften durch das Umfeld zu den Zielgruppen bewegt. Welchen strategischen Weg schlägt die Kommunikation ein und welches Rüstzeug nutzt sie dazu? Die Handlungsstrategie legt die Richtgrößen für die praktische Umsetzungsarbeit fest und stellt sicher, dass später in der Umsetzungsplanung alle Mittel und Maßnahmen zielführend eingesetzt werden. Sie konzentriert sich auf generelle Handlungsanweisungen, die aber nicht auf einzelne taktische Handlungen – sprich: Maßnahmen – heruntergebrochen werden.

In der Fachliteratur wird gern auf die 36 Strategeme verwiesen, die seit Jahrhunderten in China gepflegt werden. Oder man preist Sun Tse „Die Kunst des Krieges" als Vorbild. Mancher versucht die militärischen Strategien des preußischen Generals Clausewitz auf das Management von heute anzuwenden. Ich bezweifle, dass die alten Strategiewerke für die moderne Kommunikationsstrategie einen größeren Nutzen haben. Ich habe viele dieser alten Strategiebücher gelesen und konnte herzlich wenig damit anfangen. Sie verstauben in meinem Bücherschrank, weil ich lieber neue Wege gehe.

Die Handlungsstrategie ist zwar der fünfte Schritt der strategischen Phase, aber damit nicht das fünfte Rad am Wagen. Die Wahl des richtigen strategischen Hebels kann von entscheidender Bedeutung für die „Gesamtperformance" sein. Wähle ich eine dürftige oder gar eine falsche Strategie, drohen meine Botschaften im kommunikativen Grundrauschen unserer modernen Informationsgesellschaft verloren zu gehen. Setze ich jedoch den Hebel an der richtigen Stelle an, kann das die Wirkung meiner Botschaften außerordentlich verstärken. Der Kommunikation wird der Turbo-Antrieb zugeschaltet.

Es gibt ein breites Spektrum an Kommunikationsstrategien. Sie alle zu beschreiben, würde ein eigenes Fachbuch füllen. Um einen Überblick zu geben, ordne ich die maßgeblichen Strategien in ein einfaches Ordnungssystem ein.

Ich beginne mit den zielgruppenorientierten Strategien. Sie setzen den strategischen Hebel bei den Zielgruppen oder punktgenauer bei einzelnen Zielgruppensegmenten an:

› **z.B. Mittlerstrategie** – Die Botschaften werden vorrangig über neutrale und glaubwürdige Multiplikatoren transportiert und bekommen dadurch eine zusätzliche Prise Überzeugungskraft.

› **z.B. Early Adopter-Strategie** – Man sucht sich Zielgruppensegmente, die besonders aufgeschlossen und schneller als andere bereit sind, etwas Neues auszuprobieren. Diese Segmente spricht man möglichst gezielt an und baut sie als Brückenkopf auf.

› **z.B. Elitestrategie** – Die Kommunikationsmaßnahmen schließen bewusst Außenstehende aus und machen die eigenen Zielgruppen zur exklusiven „Incrowd". Das Verknappen stimuliert ein hohes Interesse.

Die an Botschaften ausgerichteten Strategien nehmen die Dachbotschaften, bisweilen auch die Teilbotschaften, aufs Korn und transportieren sie auf eine ganz bestimmte Art und Weise:

› **z. B. Step by Step-Strategie** – Die Mittel und Maßnahmen transportieren nicht alle Dachbotschaften auf einen Schlag, sondern zeitversetzt und lernfreundlich eine nach der anderen.

› **z. B. Köderstrategie** – Die Aktivitäten stellen erst einmal eine Botschaft nach vorne, die besonders appetitlich ist und sobald die Zielgruppe angebissen hat, werden die anderen Botschaften nachgezogen.

› **z. B. Vorher-/Nachher-Strategie** – Alle Maßnahmen sind so aufgebaut, dass sie die Botschaften konsequent mit zwei Seiten darstellen. Erst Vorher (Problem der Zielgruppe) und dann Nachher (Lösung durch das Kommunikationsobjekt).

Bei den wettbewerbsorientierten Strategien kommt der strategische Hebel bei der Kommunikationskonkurrenz zum Einsatz:

› **z. B. Abgrenzungsstrategie** – Es wird eine klare Trennlinie zu den Hauptmitbewerbern gezogen und in Inhalt und Art der Kommunikation deutlich manifestiert. Das Anderssein schlägt sich nicht nur in Positionierung und Botschaften, sondern auch in der Art und Weise des Mitteleinsatzes nieder.

› **z. B. Me too-Strategie** – Man lehnt sich ganz eng an einen erfolgreichen Mitbewerber an und versucht von dessen Glanz zu profitieren. Das Gleichsein sollte Inspiration, aber nie billiges Imitat werden.

› **z. B. Angriffsstrategie** – Man geht einen Wettbewerber unmittelbar an, setzt die eigenen Argumente frontal gegen seine, vergleicht direkt und versucht ihn aus seiner Positionierung zu verdrängen. Vergleichende Kommunikation in den Grenzen der Gesetzgebung ist möglich, sollte aber keineswegs herabsetzend kommunizieren.

Bei kooperationsorientierten Strategien liegt der strategische Ansatzpunkt bei bereits vorhandenen oder zukünftigen Partnern:

› **z. B. Allianzstrategie** – Für eine einzelne Aktion oder eine Kampagne wird projektbezogen eine Kooperation mit einem Partner oder mehreren abgesprochen. Die Kommunikation ist so angelegt, dass beide Seiten davon profitieren.

> **z. B. Koalitionsstrategie** – Man vereinbart eine längerfristige Zusammenarbeit in der Kommunikation, die über mehrere Projekte und Kampagnen läuft. Die „Freundschaft" der beiden Partner entwickelt sich zu einem dauerhaften Konstruktionselement der Kommunikation.

> **z. B. „New Face"-Strategie** – Die Maßnahmen starten nicht unter dem Namen der beteiligten Partner, vielmehr wird ein neuer eigenständiger Name erfunden und eingesetzt, eventuell sogar eine gemeinsame Aktionsmarke kreiert.

Die zeitorientierten Strategien setzen beim Faktor Zeit an und bauen eine wirkungsverstärkende Dramaturgie auf:

> **z. B. Präventivstrategie** – Die Kampagne läuft möglichst früh, bevor ein Thema oder ein Ereignis aktuell wird. Man beugt mit den Botschaften vor und besetzt frühzeitig Positionen.

> **z. B. Big-Bang-Strategie** – Man konzentriert alle Kommunikationskräfte auf einen großen Höhepunkt auf den ein dramaturgischer Spannungsbogen zu- und wieder wegläuft.

> **z. B. Mehr Phasen-Strategie** – Die Kommunikation ist in mehrere Handlungsphasen unterteilt – wie beispielsweise Vorbereitungsphase, Startphase und Etablierungsphase. Empfehlenswert sind einfache Phaseneinteilungen mit maximal fünf Phasen.

> **z. B. Wellen-Strategie** – Bei der Wellen-Strategie wechseln sich Phasen hohen Kommunikationsdrucks mit Phasen verhaltener Kommunikation ab. Durch die Wellenbildung erzielt man in der Regel eine höhere Aufmerksamkeit als bei gleichförmiger Kommunikation.

Die raumorientierten Strategien nutzen die Möglichkeiten des Raumes, um die Kommunikation ans Ziel zu bringen:

> **z. B. Regional-Strategie** – Der Raum teilt sich geografisch. Für unterschiedliche Regionen werden unterschiedliche Strategien gefahren. In Großstädten gibt es eine andere Strategie wie auf dem Land, in West- eine andere als in Ost-Deutschland.

> **z. B. Zangenstrategie** – Man spricht die Zielgruppen nicht nur aus einer, sondern in einer Zangenbewegung aus zwei Richtungen parallel an. Zum Beispiel über das Unternehmen direkt und parallel über den Handel.

> **z. B. Mehr-Seiten-Strategie** – Die Botschaften gelangen aus vielen unterschiedlichen Richtungen und Kanälen an die Zielgruppen. Durch unter-

schiedliche Impulse von mehreren Seiten entsteht ein besonders nachhaltiger Eindruck.

Bei der instrumentenorientierten Strategie liegt der entscheidende Kniff bei der Wahl und Zusammensetzung der Instrumente. Wobei man, wie weiter oben schon geschrieben, nur den Mechanismus beschreibt und nicht konkrete Maßnahmen vorschlägt:

› **z. B. Ereignis-Strategie** – Events mit echtem Nachrichtenwert werden mit systematischer Pressearbeit gekoppelt, so dass über das direkte Eventpublikum hinaus eine immense Außenwirkung entsteht.

› **z. B. Dialogstrategie** – Man setzt hauptsächlich Mittel und Maßnahmen ein, die der Zielgruppe einen Dialog ermöglichen. Gemeint ist ein echter Dialog auf Augenhöhe – z. B. auf Forumsveranstaltungen oder in sozialen Netzwerken.

› **z. B. Online-/Offline-Strategie** – Der Kniff der Strategie liegt in der intelligenten Verbindung von Online-Maßnahmen mit Offline-Aktivitäten. Aktivitäten im wirklichen Leben bekommen eine zusätzliche virtuelle Dimension im Netz.

Selbstverständlich kann man mehrere Strategien in Kombination zum Einsatz bringen. Beispielsweise wird eine Dialogstrategie mit einer Big-Bang-Strategie kombiniert. Oder eine Mehr-Phasen-Strategie implementiert in der ersten Phase eine Early-Adopter-Strategie. Solche kombinierten Handlungsstrategien sind üblich und in vielen Fällen sogar notwendig. Allerdings sollte der strategische Weg nicht allzu verwickelt sein. Da die Handlungsstrategie grundlegende Weisungen für die Umsetzung gibt, bestände sonst die Gefahr, dass die an der Umsetzung Beteiligten mit der komplexen Konstruktion nicht klarkommen und strategische Fehlfunktionen entstehen.

Um den richtigen Weg zu finden, schaue ich in meine Ist-/Soll-Brücke. Manchmal ist dort bereits der Ansatzpunkt für den strategischen Weg skizziert. Auf jeden Fall setze ich zur Wegfindung die SWOT-Analyse als Navigationshilfe ein. Mein Augenmerk liegt auf den Chancen und Risiken, da sich in den beiden Feldern das Umfeld widerspiegelt. Die Maßnahmen müssen sich im Umfeld bewähren und die Botschaften hinüber zu den Zielgruppen transportieren. Die Chancenseite beschreibt die Beschleunigungsfaktoren, die mir helfen, schneller und effektiver ans Ziel zu kommen. Die Risikoseite erkennt die Bremsfaktoren, die meine Kommunikation behindern oder vielleicht sogar zum Stehen bringen. Die beiden unteren Felder der SWOT sind so etwas wie eine einfache Landkarte des Umfelds. Ich studiere diese Landkarte und entscheide mich für den besten strategischen Weg.

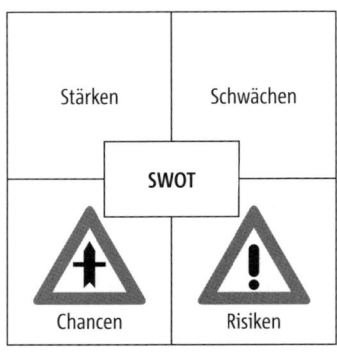

Ich durchleuchte Chancen und Risiken. Welche Optionen im Chancenfeld sind geeignet, um mit meiner Kommunikation auf der Überholspur ganz nach vorne zu kommen? Welche der Risiken könnten mir in der Realisierung die größten Schwierigkeiten bereiten? Ich konzentriere mich auf das Wesentliche und selektiere nur die „Turbo-Chancen" und die „K.O.-Risiken" heraus. Ich wäge ab, wie ich diese strategisch am besten ins Spiel bringe bzw. außer Gefecht setzen kann und leite daraus meine Handlungsstrategie ab:

› **Chance:** „Politiker und Wirtschaftsvertreter reagieren positiv auf das neue Verfahren."; **abgeleitete Handlungsstrategie:** „Politische und wirtschaftliche Multiplikatoren ansprechen und als Fürsprecher und Unterstützer gewinnen."

› **Risiko:** „Zielgruppe misstraut der Qualität des Produktes"; **abgeleitete Handlungsstrategie:** „Der Zielgruppe systematisch die Möglichkeit geben, sich in direktem Produktkontakt von der Qualität zu überzeugen."

› **Chance:** „Großer treuer Kundenstamm ist vorhanden"; **abgeleitete Handlungsstrategie:** „Die Kunden durch gezielte Maßnahmen zu aktiven Empfehlern machen."

› **Risiko:** „Neuer Konkurrent tritt aggressiv auf"; **abgeleitete Handlungsstrategie:** „Die Schwächen des Konkurrenten ins öffentliche Rampenlicht stellen, ohne den konkreten Namen zu nennen."

Obige Strategiebeispiele nehmen sich die vorselektierten Chancen und Risiken einzeln vor. Das reicht für den Einstieg, geht aber noch nicht weit genug. Im weiteren Vorgehen arbeite ich Zusammenhänge und Wechselwirkungen heraus und entwickle die Handlungsstrategie weiter. Das läuft beispielsweise so:

› **Risiko:** „Absender hat zu wenig Akzeptanz bei der Zielgruppe" **zusammen mit Chance:** „Potenzielle Partner mit hoher Akzeptanz" **ergibt Handlungs-**

strategie: „Partner als Freunde und Mitstreiter in Kommunikation einbauen und so die Akzeptanzlücke schließen."

› **Risiko:** „Zielgruppe 50plus lehnt klassische Werbung ab" **zusammen mit Chance:** „Medien offen für eine kontinuierliche Berichterstattung" **ergibt Handlungsstrategie:** „Schwerpunkt der Kommunikation liegt auf der Informations- und Medienarbeit."

› **Chance:** „Junge Leute verstärkt an Clubmitgliedschaft interessiert" **zusammen mit Chance:** „Junge Zielgruppe zu über 80% in sozialen Netzwerken aktiv." **ergibt Handlungsstrategie:** „Durch Social Media Marketing eine Dialog- und Interaktionsplattform für den Club schaffen."

Viele haben Schwierigkeiten, aus der Konstellation der Chancen und Risiken die richtigen strategischen Schlussfolgerungen zu ziehen. Ich nutze eine einfache Assoziationstechnik, um das Ganze besser zu überblicken und in Beziehung setzen zu können. Ich übersetze die Konstellation von der institutionellen in die persönliche Kommunikation. Ich stelle mir eine vergleichbare Situation im Mikrokosmos meines Bekanntenkreises vor. Aus Unternehmen und Institutionen werden Kollegen, Bekannte und Nachbarn. Wie müsste ich reagieren, um im Kleinen Herr der Lage zu werden? Die Schlussfolgerungen adaptierte ich in die große weite Welt meiner Kommunikationsaufgabe.

Zum Abschluss des strategischen Weges schaue ich sicherheitshalber im Stärken- und Schwächenfeld nach und überprüfe meine Handlungsstrategie unter drei Gesichtspunkten:

› Gibt es Schwächen, die meine Handlungsstrategie aus dem Tritt bringen könnten? Wenn ja, wie lassen sich diese Schwächen beheben. Z. B. habe ich eine Dialogstrategie gewählt, im Feld Schwächen steht jedoch: „Hohe Arbeitsüberlastung der Mitarbeiter". Fragt sich, ob unter diesen Umständen überhaupt ein ständiger Dialog möglich ist? Die notwendige Konsequenz könnte sein, externe Kräfte in die Dialogabläufe angemessen einzubeziehen.

› Gibt es Stärken beim Kommunikationsobjekt oder im direkten Einflussbereich, die meine Handlungsstrategie noch besser Schwung bringen? Wenn ja, dann baue ich diese Stärken in die Strategie ein. Z. B. entscheidet die Handlungsstrategie: „Da die Leistung erklärungsbedürftig ist, stellt unsere Kommunikation Informations- und Lerninstrumente in den Vordergrund." Auf der Stärkenseite zeigt sich: „Mitarbeiter sind Themenexperten mit Leidenschaft". Da drängt es sich geradezu auf, das eigene Team intensiv in den Info- und Lernprozess einzubeziehen.

> Ist auf der Schwächenseite ein akuter interner Handlungsbedarf erkennbar, der in der Handlungsstrategie berücksichtig werden sollte? Wenn ja, dann setze ich zusätzlich einen Strategiehebel nach Innen an. Z. B. führt die Schwäche „Kein Bewusstsein für Kommunikation im Unternehmen" zu der strategischen Konsequenz „Interne Aufklärungsoffensive vor dem Start der Kampagne nach außen."

Mit Abschluss der Handlungsstrategie ist die strategische Phase komplett und ich könnte eigentlich zu Kreation und Umsetzungsplanung überwechseln. Eigentlich? Damit will ich andeuten, dass man nichts überstürzen und zum Abschluss der strategischen Phase eine Endkontrolle einbauen sollte.

Nano-Fall. Handlungsstrategie

Der interne Hebel
> Im zeitlichen Vorlauf zur externen Kommunikation müssen die Nano-Akteure der Technischen Universität besser formiert und fitgemacht werden.

> Zu diesem Zweck ist umgehend die interne Vernetzung zu verbessern und der Informationsfluss zum Thema Nano zu verstetigen.

> Die TU-Beteiligten sollen vor allem die Sicht der Klein- und Mittelständler kennenlernen, um sich zukünftig besser darauf einzustellen.

> Parallel dazu braucht Nano an der TU Berlin unbedingt eine Anlaufstelle, welche die Kommunikation koordiniert und integriert.

Der externe Hebel
> Die Kommunikation nach außen konzentriert ihre Kräfte und nutzt für die KMU-Ansprache bereits vorhandene starke Netzwerke und Foren in Berlin und Brandenburg.

> Die Tonalität der Nano-Kommunikation richtet sich weniger wissenschaftlich und weit mehr anwendungsorientiert aus.

> Für Nano an der TU Berlin wird ein kompaktes Kommunikationsinstrumentarium geschaffen, das über mehrere Jahre zum Einsatz kommt und Beziehungen aufbaut.

> Im Hintergrund bezieht die Kommunikation auch die Öffentlichkeit und ihre Nano-Ängste angemessen ein.

Die strategische Revision

Im Laufe der strategischen Phase ist einiges an Gehirnschmalz geflossen. Ich habe über jede der fünf großen strategischen Schritte gründlich nachgedacht und mir die Entscheidungen nicht leicht gemacht. Während der Arbeit an den einzelnen Schritten bin ich normalerweise so vertieft, dass ich nicht durchgehend das strategische Ganze vor Augen habe. So können sich ins Gesamtbild der Strategie hier und da Unschärfen oder Anschlussfehler einschleichen. Davor bin ich auf der Hut. Bevor ich in die kreative Phase überwechsle, trete ich zurück und schau mir die strategischen Koordinaten noch einmal im Überblick an.

Um den Überblick zu erleichtern, stelle ich mir als Orientierungshilfe eine Strategietafel zusammen. Die Tafel fasst die gesamte strategische Strecke in einer kompakten Tabelle stichwortartig zusammen.

So wie die SWOT-Analyse die komplexe Faktenlage der Ist-Situation auf ein einziges Blatt Papier reduziert, so zieht die Strategietafel alle strategischen Entscheidungen in einer Tabellentafel ebenfalls auf einer einzigen Seite zusammen. Mehr als eine Seite ist nicht erlaubt – und die Schrift darf auch nicht so verkleinert werden, dass sie zu Augenpulver wird. Reduktion! Darauf kommt es an.

Zumeist fallen mir schon beim Zusammenstellen der Strategietafel alle Anschlussfehler und Kursabweichungen auf. Die werden selbstredend sofort korrigiert. Die fertige Tafel sollte ein in sich stimmiges Gesamtbild vermitteln und ist – jetzt kommt eine Anforderung, die man unbedingt praktisch erproben sollte – auch für Außenstehende logisch nachvollziehbar.

Nur keine Flüchtigkeitsfehler machen, sobald an den tragenden Teilen der Strategie etwas nicht stimmt, droht das gesamte Kommunikationsgebäude instabil zu werden. Aus diesem Grund lege ich die fertiggestellte Strategietafel neben mein bewährtes SWOT-Kreuz und neben die Ist-/Soll-Brücke. Die Ab- und Überleitungen zwischen Analyse und Strategie müssen stimmen. Lediglich bei der Ist-/Soll-Brücke sind Abweichungen zulässig, weil die Soll-Seite ja nur eine erste Skizze war und innerhalb der strategischen Phase die Entscheidungen mitunter anders fallen. Aber wenn dem so ist, müssen die Abweichungen zur Brücke vernünftig begründet und dürfen nicht auf Unachtsamkeit zurückzuführen sein.

Im nächsten Kapitel startet die kreative Arbeit und daran schließt sich die Umsetzungsplanung an. Zur SWOT-Analyse greife ich in diesen beiden Konzeptionsphasen nur noch selten. Ab sofort liegt die Strategietafel ganz oben auf meinem Schreibtisch. Die kompakte Tafel wird in der weiteren Konzeption dringend gebraucht, denn nirgendwo sind die Fliehkräfte so groß, wie in der kreativen und operativen Arbeit. Auf drei Funktionen kommt es an:

› **Orientierung** – Die Tafel ist das Koordinatensystem, das die große Richtung für kreative Ideen und konkreten Maßnahmen vorgibt. Alle weiteren Konzeptionsarbeiten richten sich an den vorgegebenen Koordinaten aus.
› **Inspiration** – Die Tafel skizziert das Rollenverständnis für den Auftritt des Kommunikationsobjekts. Kreation und Umsetzung spinnen die Rolle aus und schaffen so einen schlüssigen Handlungsfaden für die Kommunikation.
› **Kontrolle** – Die Tafel legt die Kriterien für eine Eignungsprüfung fest. Alle Ideen, alle Mittel und Maßnahmen müssen den Anforderungen der Strategie voll entsprechen.

Nano-Fall. Die Strategietafel

Bei der Strategietafel für die TU Berlin wurden nur die maßgeblichen internen und externen Punkte erfasst:

Interne Zielgruppen	Externe Zielgruppen
Kern: › Professoren und Mitarbeiter Fakultät II › TU-Pressestelle Rahmen: › Übrige TU-Profs und Mitarbeiter › Studenten der TU	Kern: › 600 – 700 regionale Unternehmen Mittler: › Wichtige relevante Netzwerke › Meinungsbildner aus der Wirtschaft › Regionale Medien

Interne Ziele	Externe Ziele
Kurzfristig: › Infofluss etabliert, alle sind auf Stand › Alle haben sich auf KMUs eingestellt Langfristig: › Nano ist 8. Schwerpunkt der TU	Kurzfristig: › 70% der KMUs kennen TU-Kompetenz › KMUs haben Nano-Chancen erkannt › Mind. 20 KMU-Kontakte sind aufgebaut Langfristig: › Image Kompetenzführer fest etabliert › Stabiles Nanonetzwerk aufgebaut

Positionierung

Im Kleinen ganz groß. Grundlagenforschung für den Mittelstand
Wir von der TU Berlin gehören zur internationalen Spitze der Nanoforschung und sind eng mit Berlin und Brandenburg verbunden. Das macht uns zum idealen Partner für innovationsfreudige Mittelständler aus der Region, die ihre anwendungsorientierten Ideen in die Tat umsetzen wollen.

Dachbotschaften

› **Groß im wissenschaftliches Potenzial** – durch renommierte Nano-Forscher und trendsetzende Anwendungen.
› **Groß in technischer Ausstattung** – durch Anlagen und Apparate, die Maßstäbe setzen und voll anwendungstauglich sind.
› **Groß in interdisziplinären Lösungen** – durch breites Nano-Forschungsspektrum und übergreifende Grundlagenforschung für KMUs.
› **Groß in der Vernetzung** – durch das Engagement in wichtigen Netzwerken und vielen Kontakten zur weltweiten Nano-Forschung.
› **Groß in marktreifen Anwendungen** – durch individuelle KMU-Lösungen und Begleitung bis zur marktreifen Anwendung.

Interne Strategie	Externe Strategie
› Alle fit machen vor dem externen Start › KMU-Sicht lernen und üben › Zentralen Anlaufpunkt schaffen	› Vorhandene große Netzwerke nutzen › Feste Beziehungen aufbauen › Auf Ängste der Öffentlichkeit eingehen

Überblick. Die strategischen Entscheidungen

1. **Zielgruppen strukturieren** – Wer soll zukünftig angesprochen werden? Zuerst ziehen Sie aus den Vorgaben des Briefings die Adressatenzielgruppen heraus und entwickeln sie weiter. Dann sind die dazu passenden Mittler und Absendergruppen zu bestimmen. Eine einfache, übersichtliche Zielgruppenstruktur entsteht.

2. **Zielgruppen typologisieren** – Sie machen sich ein Bild von Ihren Adressatenzielgruppen. Über den Faktenspiegel bzw. durch eine Nachrecherche arbeiten Sie heraus, wie Soziodemografie, Einstellung und Verhalten zu sehen sind. Und vor allem welche Motivationen man ansprechen könnte?

3. **Zielkonstellation aufbauen** – Was wollen Sie bei besagten Zielgruppen erreichen? Aus den Kommunikationsaufgaben des Briefings werden grundlegende Zielansätze. Sie prüfen, ob auf dem Weg zu diesen Zielen Lücken klaffen. Falls ja, müssen Sie zusätzliche Ziele definieren, um die Lücken zu schließen. Eine erste grobe Zielkonstellation entsteht.

4. **Ziele feinjustieren und formulieren** – Die Zielkonstellation wird nach Zeit in kurzfristig und mittel- bis langfristig unterteilt. Außerdem werden alle Zielansätze spitz und eindeutig ausformuliert. Je kurzfristiger die Ziele desto messbarer und konkreter sind sie zugespitzt.

5. **Mögliche Positionierungen auswählen** – Ein, zwei oder maximal drei Stärken aus der SWOT verbinden sich zum Positionierungskern, der durch passende Chancen angereichert werden kann. Sie probieren die Möglichkeiten aus und mehrere Positionierungsvarianten entstehen.

6. **Positionierung bestimmen** – Sie überprüfen die Positionierungsvarianten auf Zielgruppeneignung, Wettbewerbsabgrenzung, Schwächen- und Risikoabgrenzung sowie Praxistauglichkeit. Die optimale Positionierung wird ausgewählt und als Referenzpunkt für die gesamte weitere Kommunikation fixiert.

7. **Dachbotschaften auswählen** – Ausgehend vom Referenzpunkt der Positionierung entwickeln Sie aus den Stärken der SWOT adäquate Dachbotschaften. Dazu sortieren Sie zuerst Stärken aus, die nicht zu Positionierung und Zielgruppen passen. Die übrigen Stärken bilden einzeln oder in Clustern zusammengefasst den Botschaftskern. Falls wichtig und sinnvoll, fließen Chancen, Schwächen und Risiken in die Botschaften ein.

8. **Dachbotschaften ausformulieren** – Alle Botschaften werden so ausformuliert, dass sie eine glaubwürdige Begründung beinhalten und auf die Interessenlage der Zielgruppen zugeschnitten sind. Positionierung und Botschaften bilden eine überzeugende und kompakte Kausalkette.

9. **Die Strategie konkretisieren** – Wie gelangen die Botschaften zur Zielgruppe? Ihre Handlungsstrategie beschreibt den optimalen Weg durch das Umfeld. Dazu werden die Felder Chancen und Risiken analysiert. Sie nutzen Chancen zur Beschleunigung und versuchen gleichzeitig, die Risiken zu umfahren. Zum Schluss prüfen Sie, welchen Einfluss die vorhandenen Stärken und Schwächen auf Ihre Handlungsstrategie haben.

10. **Strategische Revision** – Sie verdichten die strategischen Arbeitsergebnisse in einer einfachen Strategietafel. Eventuelle Anschlussfehler passen Sie nachträglich an. Am Ende liegt eine einfache, übersichtliche Gesamtstrategie vor Ihnen, die allen Beteiligten sofort einleuchtet.

Phase 03.
Die kreative Zuspitzung

Zur Bedeutung der Kreation

Bis zu diesem Punkt habe ich mich mit meiner Konzeption im Luftraum der strategischen Entscheidungen bewegt, habe methodische Schemata genutzt und theoretische Festlegungen getroffen. Doch Grau ist alle Theorie. Mein Kommunikationskonzept ist noch nicht kompatibel zur menschlichen Wahrnehmung. Das soll sich im Laufe der kreativen Phase ändern.

Wir Menschen sind prädestiniert für emotionale, sinnlich fassbare Muster. Solche Muster regen unser Gehirn zu Assoziationen an, sie fallen auf und bleiben hängen. Auf pure rationale Sachzusammenhänge dagegen reagiert das Gehirn abweisend. Je abstrakter, je bildärmer, je sachlicher die Kommunikation daherkommt, desto schwieriger wird es, Aufmerksamkeit zu gewinnen und desto mühsamer wird der Lernprozess. Unser Gehirn ist ein assoziativer Prozessor, es bevorzugt Bilder, Symbole, Geschichten und Menschen, die sich irgendwie neu und ungewöhnlich anfühlen. Wahrnehmungsmuster, die so sind, wie immer und überall, bleiben nicht in den Köpfen, die gehen hier rein und da wieder raus. Wahrnehmungsmuster, die das eingefahrene Schema durchbrechen und Neuigkeitswert haben, setzen sich durch.

Das Leistungsvermögen des menschlichen Gehirns ist phänomenal. Letzte Woche fischte ich auf dem Flohmarkt eine alte 45er-Single aus einem Plattenstapel – und im gleichen Moment war die Erinnerung da. Vor fünfunddreißig Jahren (!) hatte ich einer Freundin besagte Single zum Geburtstag geschenkt. Danach habe ich sie nie mehr gesehen (die Freundin und die Single) und, um ehrlich zu sein, ich habe sie schlichtweg vergessen (die Single). Aber plötzlich, nach einer halben Ewigkeit, ist alles wieder präsent. Ich erinnere mich an Einzelheiten des Geburtstages von damals, ich habe die Melodie wieder im Kopf und sogar die ersten Zeilen des Textes liegen mir auf der Zunge. Emotional aufgeladene, bildstarke Impulse entfalten eine unvorstellbare Kraft, die für die institutionelle Kommunikation ein entscheidender Antriebsvorteil sein können.

Viele Unternehmen scheinen von den Mechanismen der Wahrnehmung jedoch wenig zu wissen. Sie kommunizieren bevorzugt semantische Generika. „Alles aus einer Hand!" und „Wir sind immer für Sie da" und „Der Kunde ist König". Sie zeigen Fotos von lächelnden Menschen in stereotypen Situationen oder nutzen zur Veranschaulichung überstrapazierte Metaphern wie Megaphone, Glühbirnen oder Preishammer. Sie zeigen das Erwartete – und hinterlassen damit in den Köpfen kaum Spuren. Es gibt nur eine Konsequenz für das Konzept – und die heißt Kreativität. Nur eine herausragende Idee stellt sicher, dass sich die Kommunikation abhebt, dass sie einen Dreh anders und damit „merk-würdig" ist.

Ich bin mir bei jedem Konzept bewusst, dass meine Strategie noch so gut sein mag – wenn sie nicht durch gute Ideen in kraftvolle Bilder übersetzt wird, leidet sie an emotionalem Skorbut. Kampagnen der Marketing- und Unternehmenskommunikation sind ohne schlüssige kreative Ideen auf Dauer nicht überlebensfähig.

Gekonnte Kreation schafft somatische Marker, die sicherstellen, dass sich Positionierung und Botschaften in den Köpfen der Zielgruppen festsetzen:

› Gute Ideen erzielen eine hohe Aufmerksamkeit.

› Gute Ideen hinterlassen emotionale Eindrücke.

› Gute Ideen erhöhen die Bedeutung.

› Guten Ideen erleichtern das Lernen der Botschaften.

› Guten Ideen bleiben besser und wesentlich länger in Erinnerung.

› Gute Ideen stärken Image und Ansehen.

Eins können gute Ideen allerdings nicht, sie können nicht fehlende Inhalte und Werte ersetzen. Wo es an Gehalt fehlt, machen kreative Ideen aus einem Kommunikationsobjekt nur eine Mogelpackung. Die Menschen fühlen sich durch übertriebenes Marketing hinters Licht geführt und reagieren ablehnend. Durch die sinnliche Kraft der Idee wirken solche Negativerfahrungen besonders lange nach.

Die kreative Leitidee

Da moderne Kommunikation vielschichtig ist und ein breites Instrumentarium nutzt, wird es immer wichtiger, eine übergreifende Leitidee zu haben, die das große Ganze zu einer sinnlich fassbaren Einheit zusammenbringt. Die kreative Leitidee wird in der Kommunikationsbranche gern auch „Big Idea" genannt. Die besondere Qualifikation dieser Idee ist, dass sie in der Umsetzung über das gesamte Spektrum der Kommunikation funktioniert. Sie leistet folglich weit mehr als die klassische Werbeidee. Die Leitidee „ver-sinn-bildlicht" nicht nur die Werbemaßnahmen, sondern auch Events, Online-Kommunikation, Promotionsaktionen, Medienarbeit und vieles mehr. Bei jedem Kommunikationskonzept gehe ich sofort im Anschluss an die Strategie auf die Suche nach dieser unwiderstehlichen Idee – basierend auf einem einfachen Gedanken.

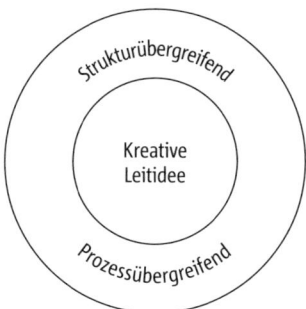

Was bedeutet es, dass eine "Big Idea" keine Grenzen kennt und übergreifend einsetzbar ist? Der übergreifende Charakter einer Idee weist in zwei Richtungen:

> **Strukturübergreifend (Raum)** – „Big Ideas" lassen sich über alle Disziplinen und Instrumente der Kommunikation deklinieren. Sie funktionieren in der Werbung genauso gut wie im Eventmarketing oder in der PR. Und wenn es darauf ankommt, beweisen sie auch im Social Web ihr Format.

> **Prozessübergreifend (Zeit)** – „Big Ideas" sind keine schnell verpuffenden Feuerwerkskörper. Sie bauen einen dynamischen Spannungsbogen, entwickeln sich ständig weiter und erzählen eine lebendige Story, die über einen längeren Zeitraum fasziniert.

Ich bezeichne eine kreative Leitidee auch gerne als „Urknall-Idee". Ich denke dabei an eine kleine, einfache Idee, die so viel Energie hat, dass sie unaufhaltsam expandiert und die gesamte Kommunikationskampagne in all ihren Facetten auflädt und belebt.

Die kreative Leitidee der Pharmafirma Ratiopharm waren jahrelang die Zwillinge. Folke und Gyde (so heißen die beiden Zwillinge) prägten den gesamten Werbeauftritt von Ratiopharm, sie wurden zum Erkennungszeichen der Marke. Ein Blick genügte und der Konsument hatte die emotionale Botschaft der Marke wieder präsent. Die Zwillinge tauchten aber nicht nur in der Werbung auf, sie waren zudem in zahlreichen TV-Talkshows zu Gast, ihre Geschichte wurde zum Aufhänger für „Homestories" in der Regenbogenpresse, es gab eine Zwillingstournee mit Folke und Gyde quer durch Deutschland, im gesamten Spektrum der Kommunikation bildeten die Zwillinge den Sinnesanker.

Solche Sinnesanker können in ganz unterschiedlicher Gestalt ihre Kraft entfalten. Alles ist möglich, sofern es stark und unverwechselbar ist, die Positionierung repräsentiert und den Zielgruppen gefällt. Hier einige Gestaltungsbeispiele:

› **Person(en)** – Menschen verkörpern häufig die „Big Idea". In den Blickpunkt rücken Kunstpersonen wie Herr Kaiser von der Hamburg-Mannheimer oder echte Akteure wie Thomas Gottschalk für Haribo. Beispielsweise bringt sich ein Unternehmen über die Positionierung „sehr persönliche Betreuung" in Stellung. Die kreative Leitidee macht den Unternehmer selbst zum Sinnbild der Betreuungsfunktion. Auf Werbemitteln, bei Events und in der Pressearbeit tritt er ganz nach vorne und personifiziert die Positionierung mit persönlichen Wertbekenntnissen und Garantien.

› **Slogan** – Auch der Unternehmens- bzw. Produktslogan kann zur leitenden Idee werden. Die allermeisten Slogans taugen dazu nicht, aber es gibt Ausnahmen. Das Auswärtige Amt ist mir mit „Außen Amt, Innen Leben" in Erinnerung geblieben. Ikea fiel mit dem Slogan „Wohnst du noch oder lebst du schon?" aus dem Rahmen. Eine große Ferienhotelanlage positioniert sich als „nicht alltägliches Erlebnis". Daraufhin entwickelt eine Agentur den Slogan „Abenteuer inklusive!". Dieser Ausspruch wird zum gelebten Anspruch. Jedes Werbemittel überrascht und verrät ein kleines Geheimnis. Der Hotelportier begrüßt die Gäste mit: „Willkommen im Abenteuer!" Die Etagen des Hauses haben keine Nummern, sondern exotisch klingende Namen und der Hotelplan erinnert an eine altertümliche Schatzkarte.

› **Buzzwords** – Man prägt einen eigenen Begriff und nutzt ihn exzessiv. Mir fällt das geniale „Unkaputtbar" von Coca Cola ein. Die bundesdeutsche Regierung stilisierte ein neues Gesetz zum „Wachstumsbeschleunigungsgesetz" und Georg. W. Bush warnte vor „der Achse des Bösen". Als weiteres Beispiel fällt mir ein regionaler Energieversorger ein, der sich den Kunden gegenüber als loyal und zuverlässig positioniert. Durch einen Silbentausch wird aus dem Versorger ein „Fairsorger". Und dieses eine Buzzwort prägt künftig die gesamte Kommunikationsarbeit. So werden die Mitarbeiter auf spezielle Fairnessregeln verpflichtet und für Zweifels- oder Streitfälle steht ein neutraler Ombudsmann bereit. Nach ein paar Monaten sind die „Fairsorger" im gesamten „Fairsorgungsgebiet" zum festen Begriff geworden.

› **Bilder** – Sie eignen sich ideal, werden häufig eingesetzt und in der Branche gern „Key Visual" genannt. Bei Radeberger spielt in der Werbung (und nicht nur dort) die Semperoper in Dresden eine tragende Rolle. Bei Lübzer, einem anderen Bier, fällt ein Leuchtturm weithin sichtbar ins Auge. Zum Beispiel positioniert sich ein freies Redaktionsbüro als präzis und punktgenau in der Formulierung von Inhalten. Die daraus entwickelte Leitidee ist ein Bleistift, der an einen Dartpfeil erinnert und immer voll ins Schwarze trifft. Das Team trägt diesen Pfeilstift als Clip am Revers, im Empfang des Redaktionsbüros hängt ein riesengroßer Pfeilstift als Blickfang von der Decke und auf dem Sommerfest stellt ein Dart-Championat mit attraktiven Preisen den Höhepunkt dar.

› **Bilderwelt** – Auch eine komplette Assoziationswelt ist möglich und bietet vielfältige Gestaltungsmöglichkeiten. Bei einer bekannten Zigarettenmarke sind immer Szenen aus New York zu sehen, bei der direkten Konkurrenz Erlebnisse aus der Metropole Paris. Andererseits geht ein Fahrradhersteller aufs Land und setzt sich mit seinen rustikalen Country-Bikes von der Flut der City-Bikes ab. In der kreativen Umsetzung nutzt er die heimische Fauna als Sinnbild. Seine Räder sind Pferde, Füchse oder seit neuestem sogar Wölfe. Die Shopdekoration bildet einen künstlichen Wald nach und ein Teil des Gewinns wird zur Erhaltung der heimischen Biodiversität gespendet.

› **Kollektive Bilder** – Sie sind in unser kulturelles, gesellschaftliches Gedächtnis eingegangen und jederzeit präsent. Gerade läuft in Berlin eine Kampagne, die auf John F. Kennedys „Ich bin ein Berliner" Bezug nimmt. Ein Unternehmen persifliert in seiner Kommunikation weltbekannte Plattencover von den Beatles bis zu Prince. Oder ich erinnere mich an einen Haushersteller, der sich als „der Künstler unter den Bauträgern" in Position bringt. Die Abbildungen seiner Hausmodelle sind stilistisch berühmten Künstlern wie Andy Warhol, Keith Haring oder Toulouse-Lautrec nachempfunden, und sein Beratungscenter wirkt, als wäre es von Mondrian gestaltet.

› **Design und Ästhetik** – Der gesamte Auftritt entwickelt seine Magie durch eine ganz eigene Farb- und Formensprache. O2 taucht tief in eine blaue Wasserwelt ein. Apples Markenwelt ist unverwechselbar und prägt den gesamten weltweiten Auftritt. Eine Galerie in einer deutschen Großstadt hat sich der Kunst der Nacht verschrieben. Der gesamte Auftritt ist im krassen Gegensatz dazu in gleißendem Weiß gehalten, von der Neonreklame über dem Eingang über den Ausstellungskatalog bis zur Kleidung der Galeristin – alles weiß, nicht als weiß.

› **Trends und Moden** – Immobilienprojekte nutzen den Ökotrend des nachhaltigen Bauens für ihr Selbstbild. Bei der Einführung des neuen Ford Kuga wurde der neue urbane Kunsttrend der „Light Graffiti" als prägende Idee in Szene gesetzt. Ein anderes Beispiel ist ein Unternehmen, das sich als guter Nachbar sieht, seinen gesamten Kommunikationsetat umschichtet und voll auf die aktuelle Sehnsucht der Öffentlichkeit nach Vertrauen und Verlässlichkeit setzt. Das Unternehmen gibt kein Geld mehr für Werbung aus, dafür werden über 50% des Kommunikationsetats in Corporate Social Responsibility-Projekte investiert. Das Unternehmen gibt dabei nicht nur Geld und ideelle Unterstützung, alle Mitarbeiter engagieren sich persönlich und organisieren zum Beispiel Vorlesenachmittage in den Grundschulen der Nachbarschaft.

› **Mythen und Archetypen** – Wir tragen seit ewigen Zeiten tief verwurzelte Bilder in uns. Vom griechischen Drama bis zum amerikanischen Thriller halten sich unzählige Geschichten an diese archetypischen Muster. In der Kommunikation nutzt man beispielsweise gern die Archetype von „David & Goliath". Da tritt der kleine, flotte Mittelständler mit frischen Kommunikationsideen auf und spielt damit den großen, behäbig gewordenen Marktführer locker an die Wand.

Auch eine schlüssige Kombination von mehreren Sinnesankern kann im Zusammenspiel die übergreifende Leitidee ergeben. Da wird ein Slogan mit einem Key Visual kombiniert oder eine Person in den Kontext einer Bilderwelt gestellt. Wie gesagt, alles ist möglich. Der Fantasie sind kaum Grenzen gesetzt.

Die Idee entwickeln

Die kreative Leitidee entwickelt sich aus dem Ursprung der Positionierung. Sie ist sozusagen die kreative Zuspitzung der strategischen Kommunikationsposition und übersetzt das strategische Rollenverständnis in einen sinnlich fassbaren Auftritt. Während der gesamten kreativen Phase behalte ich die Positionierung als Orientierungspunkt im Hinterkopf.

Die meisten kreativen Ideen in meinen Konzepten entstehen im Rahmen eines lockeren Brainstormings in Gruppenarbeit. Mir fällt meist die Rolle des Moderators zu. Die Brainstormings bauen sich aus zwei Blöcken auf, jeder Block ist ein bis anderthalb Stunden lang. Ich versuche zu verhindern, dass die Gruppe zu groß wird, meine Wunschgröße liegt bei 5 – 7 Teilnehmern. Dass mehr Köpfen mehr einfällt, stimmt nämlich nicht wirklich. Wird der Kreis zu groß, springt der Funken schwer über, das kreative Feuerwerk kommt nur langsam in Gang, und läuft es endlich an, komme ich als Moderator mit dem Steuern kaum nach, in der großen Gruppe fühle ich mich manchmal wie beim Wildwasserfahren. Darüber hinaus liegt mir am Herzen, dass die richtigen Leute im Brainstorming sitzen. Gemeint sind Leute, die aus sich herausgehen und konstruktiv mitarbeiten, die Abteilungsdünkel und Eigenprofilierung außen vor lassen und sich voll einbringen. Ich wäge genau ab, ob der jeweilige Chef bzw. die Chefin zum Kreis gehört – und das aus gutem Grund: ich habe eine Reihe von Brainstormings erlebt (oder vielleicht sollte ich besser schreiben: überlebt), bei denen die Teilnahme der Chefetage zum Erstickungstod der Inspirationen führte. Kein Teilnehmer traute sich mehr, so richtig den Mund aufzumachen. Jeder hatte Angst, ins falsche Licht zu geraten. Das Gefühl der Freiheit, von dem jedes Brainstorming lebt, verlor sich in der Anpassung. Ohne Chefs läuft es da durchweg besser. Was ist sonst noch zu beachten? Während des Brainstormings darf kein Handy klingeln und kein Blackberry oder iPhone wichtige Mails melden, die Mitnahme dieser Störenfriede ist verboten. Alle Teilnehmer müssen im Sinne einer Klausur von Anfang bis Ende im Raum bleiben. An der Wand hängt jedes Mal (!) ein großes Blatt mit den Regeln des Brainstormings. Zu Beginn werden alle Teilnehmer auf die Regeln eingeschworen:

> **Ohne Grenzen** – Jede, auch die verrückteste Idee ist erlaubt, ja sogar erwünscht. Es gibt keine schlechten Ideen. Selbst aus dem kleinsten, hirnrissigsten Ideenfetzen kann im Laufe der Zeit etwas ganz Großes wachsen.

> **Kritik ist tabu** – Kritische Stimmen, Abwertungen und negative Kommentare jeder Art sind während des Brainstormings strengstens und ausnahmslos untersagt. Wer ständig räsoniert, wird rausgeschmissen!

> **Ideen weiterspinnen** – Jeder hat das Recht die Ideen der anderen aufzugreifen, zu variieren und weiterzuentwickeln. Assoziationsketten sind die Bindeglieder eines gelungenen Brainstormings.

> **Keine Diskussion** – Ziel ist es, möglichst viele Ideen in kurzer Zeit zu entwickeln. Aus diesem Grund wird keine Idee eingehend diskutiert und vertieft. Es sind nur kurze Wortbeiträge erwünscht.

Bis auf den Orientierungspunkt der Positionierung halten die Teilnehmer alle analytischen und strategischen Überlegungen aus dem Brainstorming heraus. Es gibt keinerlei Zwänge, in der ersten Ideenfindung sind Abweichungen von der Strategie ausnahmsweise erlaubt. Alle Ideen werden schriftlich festgehalten, auf Karten an einer Pinnwand oder als Stichworte auf einem Flipchart. Jede Idee ist für jeden Teilnehmer zu jederzeit gut sichtbar. Als Moderator habe ich die Funktion, den Ideenprozess aus dem Hintergrund zu steuern, auf die Einhaltung der obigen Regeln zu achten und positiv stimulierend auf die Teilnehmer einzuwirken.

Ich bin ständig an Brainstormingrunden in Unternehmen und Agenturen beteiligt. Dabei spüre ich immer wieder, wie schwer es für die Beteiligten ist, den Arbeitsalltag aus dem Kopf zu bekommen. Es haben sich zu viele Sachzwänge da oben verkeilt. Die Leute spüren die Druckstellen und können sich nicht frei machen – die Ideen tröpfeln, wenn überhaupt. Um aus dieser Erstarrung zu kommen, gehe ich mit einer kreativen Lockerungsübung in die Runde und versuche so, die Köpfe der Teilnehmer wieder frei zu bekommen. Wir steigen in das Brainstorming mit einem freien Assoziationsspiel ein, das einzig dem Warmwerden dient und noch nicht darauf aus ist, verwertbare Ideen zu entwickeln. Beispielsweise ernenne ich die Teilnehmer zu Regisseuren und Drehbuchautoren und entdecke mit ihnen die fantastische Welt des Hollywood-Films. Das jeweilige Kommunikationsobjekt ist unser Filmstar, der im Scheinwerferlicht vor der Kamera steht und sein Publikum begeistern will. Einzig das Rollenverständnis des Stars wurde bereits durch die Positionierung vorbestimmt. Ansonsten schreibt die Fantasie aller Beteiligten das Drehbuch. Welches Genre hat der Film? Wie heißt der Streifen? Wie läuft die Handlung? Welche Art von Helden spielt unser Star? Wer ist sein Gegenspieler? Wie sieht das Happy End aus? Gemeinsam drehen wir in einer Viertelstunde einen imaginären Spielfilm für die Traumfabrik Hollywood. Am Ende sind alle ganz perplex über die Vielfalt der Einfälle. So haben sie ihr Kommunikationsobjekt noch nie gesehen und ins Spiel gebracht, eine völlig neue Sicht der Dinge. Die Laune ist gut, die Runde hat sich locker gemacht und warm gedacht.

In nahtlosem Anschluss startet das eigentliche Brainstorming. Damit die Ideen besser fließen, nutze ich einfache Kreativitätstechniken als Strömungshilfe. Wer sich in Sachen Brainstorming auskennt, der wird Grundzüge der bekannten Osborn-Methode wiedererkennen:

› Wir verdichten unsere Positionierung auf ein einziges Wort, auf einen „Zauberbegriff". Alles ist erlaubt, ganz neue Wortschöpfungen, Wortkombinationen und Wortverbiegungen. Wie lautet das Wort?

› Wir hängen ein riesiges Spannplakat („Blow up" genannt) ans Rathaus der Stadt. Das Plakat soll unser Kommunikationsobjekt nur im Bild und völlig ohne Worte versinnbildlichen. Unzählige Menschen laufen vorbei und schauen für eine Sekunde hinauf. Was sehen sie? Was berührt sie?

› Wir stellen die besonderen Charaktereigenschaften unseres Kommunikationsobjekts nur mit Pantomime, mit Mimik, Gestik und Bewegung dar. Wer hat Mut und fängt an?

› Wir spielen Gott und machen aus unserem Kommunikationsobjekt einen Menschen. Was wäre das für ein Mensch? Wie würde er leben? Wie gewinnt er Freunde? Auf welchem Weg hat er Erfolg?

› Wir beamen unser Kommunikationsobjekt an einen Ort, wo es gar nicht hingehört. An den Nordpol, in ein Raumschiff oder in ein Spielcasino nach Las Vegas. Welche ungewöhnlichen Orte fallen uns ein? Was passiert dort Überraschendes?

› Wir verlagern unser Kommunikationsobjekt in eine andere Zeit. Ins Mittelalter, in die wilden Zwanziger oder in die Zukunft ins Jahr 2022. Wie wirken sich diese Zeitsprünge aus?

› Wir übersteigern die Talente unseres Kommunikationsobjektes zu grandiosen Supertalenten. Es wächst über sich hinaus und vollbringt wahre Wunder. Was passiert an Staunenswertem?

› Wir schauen uns das Kommunikationsobjekt nicht als Ganzes an, sondern zoomen auf einzelne Elemente. Was lässt sich aus den Einzelteilen machen? Wie können wir sie als Trumpfkarten ins kommunikative Spiel bringen?

Jede Idee wird notiert und bleibt im Blick. Vorhandene Ideen werden zu Anknüpfungspunkten für neue Ideen; ganze Ideenketten und regelrechte Netzwerke entstehen. Bestimmte Ideen blühen im Laufe des Brainstormings gewaltig auf, andere bleiben stille Mauerblümchen. Die Flipcharts und Pinnwände füllen sich. Nach einiger Zeit versiegt der Fluss, es kommen kaum noch neue Einfälle hinzu, damit ist es Zeit für eine große Pause. Die Teilnehmer gehen zusammen Mittagessen, machen einen Spaziergang und reden über Gott und die Welt, aber nicht über das Brainstorming und die Ideen. Sie gehen auch nicht zurück an ihren Arbeitsplatz, um zu schauen, was sich zwischenzeitlich getan hat, weil sie sich sonst gleich wieder mit den alten Sachzwängen infizieren.

Nach der Pause geht es zurück in den Kreativraum, alle bisherigen Ideen hängen verteilt an den Wänden. In einem Schnelldurchgang lasse ich noch einmal alle Einfälle Revue passieren. Damit ist das eigentliche Brainstorming beendet, im zweiten Block motiviere ich die Teilnehmer, unter den vielen Ideen eine Vorauswahl zu treffen. Die Runde urteilt mit dem Bauch (Welche Ideen gefallen uns besonders gut?) und mit dem Kopf (Welche Ideen passen am besten zur Positionierung und Strategie). Bei kleinen Gruppen klären wir die Auswahl im gemeinsamen Gespräch. Bei größeren Gruppen gibt es zwar auch eine Abstimmungsrunde, aber am Ende bekommt jeder Teilnehmer Klebepunkte in die Hand und bestimmt seine Favoriten. Die Ideen mit den höchsten Klebepunktzahlen kommen weiter. Drei, vier, fünf oder mehr (aber nicht zu viele) Ideen bleiben übrig.

Bisweilen entwickle ich die große kreative Leitidee auch im Alleingang. Kreative Ideen sind keine Wunder, die vom Himmel fallen. Jeder kann Ideen entwickeln, jeder ist kreativ. Allerdings funktioniert das bei mir nicht nebenher, quasi als Geniestreich aus heiterem Himmel, ich muss mir die Ideen in Ruhe erarbeiten. Damit mein Ideensolo nicht zur vergeblichen Suche wird, halte ich ganz bestimmte Abläufe ein und mache eine Art Zeremonie daraus. Solange ich „brainstorme" schalte ich das Telefon aus, ignoriere die neuesten Emails und bin für meine Familie nicht ansprechbar. Ich bin „außen vor". Ich mache es mir in meinem roten Lehnsessel bequem, genieße eine gute Tasse Tee und lasse die Gedanken fließen. Neben mir liegen griffbereit Notizblock und Stift. Im Alleingang spiele ich die bereits vorgestellten Kreativtechniken für das Gruppenbrainstorming durch. Alles, was mir in den Sinn kommt, und sei es auch noch so bruchstückhaft, wird aufgeschrieben. Wie beim Gruppenbrainstorming filtere ich nicht, keine Zensur, alles ist erlaubt, es gibt keine guten oder schlechten Ideen, es wird nur gesammelt und notiert, je mehr desto besser.

Sobald die Ideenwelle abebbt und mir nichts mehr einfällt, stimuliere ich meinen Assoziationsnerv. Ich fange an, in Magazinen zu blättern, um auf die Fotos und Schlagzeilen Analogien zu bilden. Ich gehe ins Internet, gebe Suchbegriffe, die zum Kommunikationsobjekt und seiner Positionierung passen, in Google ein, surfe kreuz und quer und lasse mich von den Querverbindungen, die der Suchalgorithmus findet, überraschen.

Nach längstens zwei Stunden ist Schluss, denn mit der Zeit fällt die kreative Produktivität steil ab und jede weitere Idee wird zum Kampf. Nach dem Solo-Brainstorming lasse ich alle Ideen auf dem Notizblock möglichst bis zum nächsten Tag ruhen und reifen. Den Rest des Tages beschäftige ich mich anderweitig. Mitunter blitzt zwischendurch noch eine Idee im Kopf auf, beim Rechnungen schreiben, beim Abendessen, oder beim Fernsehfilm der Woche. Damit keine Idee verloren geht, liegt mein Notizblock immer in Griffweite.

Am nächsten Tag arbeite ich noch einmal alle Ideen durch. Ich bewerte und wähle aus. Alle guten, entwicklungsfähigen Ideen kommen auf ein extra Blatt. Wie schon beim Brainstormen in der Gruppe, bleibt am Ende eine kleine Essenz von Einfällen übrig.

Bei einigen Konzepten ergibt sich einfach keine Gelegenheit für ein Gruppenbrainstorming und allein traue ich mir die Ideenfindung nicht zu. Dann hole ich externe Kreative ins konzeptionelle Boot, um die zündende Idee zu entwickeln. Wie findet man geeignete Ideenfinder? Keine einfache Sache, denn gerade im kreativen Bereich muss man vor „Gernegrößen" auf der Hut sein, die vorher viel Wind machen, aber am Ende kaum verwertbare Ergebnisse liefern. Auch wird das Bild der Branche noch von vielen Werbekreativen der alten Schule geprägt, die tolle Einfälle für Plakate, Anzeigen und TV-Spots haben, aber für die Entwicklung von Ideen in einen ganzheitlichen Kommunikationsrahmen kein Gespür mitbringen. Um meine kreative Pannenstatistik niedrig zu halten, arbeite ich persönlich schon seit Jahren mit einem eingespielten Kreativteam zusammen, deren Potenziale und Grenzen ich einschätzen kann.

Aber mit geeigneten Kreativen an meiner Seite ist der Erfolg noch lange nicht garantiert. Kreative müssen gut geführt werden. Meine Führung gibt nur die nötigsten Vorgaben und lässt so viel kreative Freiheit wie möglich. Im Laufe der Jahre habe ich aus zahllosen zähen Nahkämpfen mit Kreativen gelernt. So habe ich es mir schon lange abgewöhnt, meinen kreativen Partnern das Ursprungsbriefing des Auftraggebers und den kompletten strategischen Teil meines Konzepts an die Hand zu geben. Die mehrseitigen Briefing- und Strategiepapiere arbeiten zahllose Facetten der konzeptionellen Konstellation heraus und bieten damit vielfältige Ankerpunkte für die Kreativen. Verständlicherweise springt ihnen sofort genau der Ankerpunkt ins Auge, der spontan eine Kette von Einfällen auslöst. Nur ist das bedauerlicherweise oft ein Punkt, der im strategischen Niemandsland liegt. Den kreativen Prozess dann nachträglich wieder auf Strategiekurs zu holen, fällt ausgesprochen schwer, ist teilweise sogar unmöglich, denn die Kreativen haben sich innerlich festgelegt, glauben an ihre Idee und kämpfen dafür. Aus diesem Grund fasse ich entweder das Briefing des Auftraggebers und meine Strategie auf nur einem Blatt Papier als spezielles Kreativbriefing zusammen. Oder es gelingt mir im Idealfall sogar, den strategischen Wegweiser für die Kreation in einem einzigen Fragesatz zu kristallisieren. Ob eine Seite oder ein Satz, beide Male achte ich darauf, dass es nur noch einen einzigen strategischen Dreh- und Angelpunkt gibt, an dem die Kreation andocken muss.

Alles in einem Fragesatz zu sagen, geht das überhaupt? Ich gebe zu, es ist nicht einfach, man muss Mut zum Weglassen beweisen. Doch es lohnt sich, denn durch die Reduktion kann man den Ideenprozess an der richtigen strategischen Stelle verankern, ohne der Kreativität den Spielraum zu nehmen. Die Frage aller Fragen lautet beispielsweise:

› **Für eine Restaurantkette** – Wie kann unser Auftraggeber – ein „Frischekönig", der mehrere Restaurantfilialen in Hamburg betreibt und mit seiner einmaligen Kombination aus Frische und Schnelligkeit den Gaumen junger einkommensstarker Manager (w. und m.) in der Mittagspause verwöhnt – seine Marketingkommunikation noch appetitanregender gestalten?

› **Für einen gemeinnützigen Verein** – Wie muss sich ein Verein, der hochtalentierten, alleinerziehenden Studentinnen mit Kind ein Stipendium aussetzt, bei mittelständischen Unternehmen aus dem Großraum Frankfurt präsentieren, um diese als treue Sponsoren zu gewinnen und zu binden?

› **Für eine Veranstaltungsreihe** – Welchen „geilen" Auftritt bekommen die nagelneuen, kostenlosen, halbtägigen „Jobcamps" der Handwerkskammer, die Schüler(innen) von Realschulen zwischen 14 und 16 Jahren im Rahmen von Simulationsspielen für die mündliche Bewerbung um einen Ausbildungsplatz im Handwerk fitmachen?

Nach der ultimativen Fragestellung folgt noch eine zweite Einstiegshilfe für die Kreation. So weit irgend möglich konfrontierte ich die Kreativen mit der Wirklichkeit des anstehenden Falls. Ich lade sie zum Essen in das Restaurant des Frischekönigs ein, sie können mit dem Koch reden und vielleicht sogar die Gäste ansprechen. Ich nehme Sie zu einem Sponsorentreffen des Stipendienvereins mit, auf dem sie Unterstützer und ihre Motive kennenlernen. Oder die Kreativen machen beim nächsten Jobcamp in der Handwerkskammer mit und üben Bewerbungsgespräche. Kurz gesagt, das Erfolgsgeheimnis der kreativen Führung ist der Verzicht auf einen dicken Stapel Unterlagen.

Stattdessen konzentriert sich das Kreativbriefing auf eine einzige Frage, dazu kommt eine frische Brise Realität und ab geht die Suche nach der unwiderstehlichen Idee. Auch die externen Kreativen sind gehalten, vom strategischen Ankerpunkt aus in verschiedene Richtungen zu denken und viele unterschiedliche Leitideen zu entwickeln und anzubieten. Hinterher sichte ich das Angebot und reduziere es auf eine kleine Auswahl der besten Ideen.

Die gestalterische Konkretisierung

Die kreativen Leitideen werden in Gruppenarbeit, im Alleingang oder von externen Kreativen entwickelt. Danach folgt eine Vorauswahl. Nur die besten Ideen kommen in die Finalrunde. Als Nächstes spiele ich durch, wie sich die ausgewählten Leitideen auffächern und entfalten lassen. Mal angenommen, mein Auftraggeber ist ein Modelabel mit der Positionierung „Keiner hat mehr Mut zur Farbe". Als Leitidee habe ich im Brainstorming unter anderem das Key Visual eines Schmetterlings ersonnen und später in die Finalrunde übernommen. Später in der Umsetzung könnte man sich darauf beschränken, alle Kommunikationsmaßnahmen stur mit dem Schmetterlingscode zu etikettieren. Das wäre nicht verkehrt, aber würde die enormen Potenziale einer kreativen Leitidee bei weitem nicht ausschöpfen. Eine gute kreative Leitidee hat es verdient, dass man sich ihr fantasievoll nähert und ihre Talente fördert. Darum denke ich schon früh über attraktive Auftrittsmöglichkeiten nach:

› **Kreative Variation** – Die kreative Leitidee setzt sich ungewöhnlich ins Bild und zieht die Blicke an. Vorstellbar wäre, dass das Modelabel aus dem Schmetterling eine Haarspange macht, die alle Verkäuferinnen in den Boutiquen im Haar tragen. Oder der Gleitdrachen eines bekanntes Drachenfliegers bekommt das Design des Schmetterlings und fällt bei internationalen Wettbewerben sofort ins Auge.

› **Sinnliche Transformation** – Die kreative Leitidee wird in andere Sinnesdimensionen übersetzt. Aus einem Bild wird Wort, Ton, Musik oder Geruch. In den Boutiquen könnte beispielsweise immer ein leichter Blütenduft liegen. Ein bekannter Songwriter schreibt einen Butterfly-Song, der als Erkennungsmelodie des Labels ins Ohr geht.

› **Episodische Dramatisierung** – Die kreative Leitidee löst eine Geschichte oder ein Ereignis aus. Zum Beispiel bekommt eine gerade neuentdeckte Schmetterlingsart auf Borneo den Namen des Modelabels. Oder treue Kunden treffen sich mit einem bekannten Modeschöpfer, um gemeinsam eine neue Schmetterlings-Kollektion zu entwerfen.

› **Assoziative Expansion** – Die assoziativen Nachbarn der Leitidee werden ins Spiel gebracht. Bei Schmetterling liegen Blumen, Rasen, Sonne oder Sommer nahe. Zum Beispiel könnte das Label zum Frühlingsanfang in allen Läden ein Blumenbeet mit echten Pflanzen anlegen.

Durch das Auffächern der Möglichkeiten entwickle ich ein Gefühl für die Substanz der Leitidee, sie wird mir vertraut. Viele der gefundenen Umsetzungsmöglichkeiten kann ich später gebrauchen, ich baue sie als konkrete Maßnahme in meine Maßnahmenplanung ein. Damit die kreative Leitidee sicher steht, muss ich aber noch weitergehen. Bisher existieren die Ideen der Endrunde nur in Stichworten. Ich persönlich kann jedoch nur richtig vergleichen und mich endgültig für einen Sieger entscheiden, wenn ich die Ideen sehe. Deshalb gebe ich vor der endgültigen Entscheidung die besten Ideen weiter an Grafiker, Texter oder Webdesigner, verbunden mit der Aufforderung, die gestalterischen Fähigkeiten der Ideen auszuloten. In den darauffolgenden Tagen entstehen erste Anschauungsbeispiele – zum Beispiel entwickelt der Grafiker Skribble-Zeichnungen für ein Plakat oder eine Anzeige, der Texter denkt über einen griffigen Slogan nach und der Webdesigner prüft, ob sich die Idee fürs Internet eignet.

Bei der grafischen Gestaltung geht es nicht um Feinheiten. Es geht vielmehr darum, die große gestalterische Linie zu finden, die Magie der Idee in erste Layouts zu übersetzen. Das Musterfoto braucht noch nicht der Ästhetik letzter Schluss zu sein, die Musteranzeige hat als Fließtext nur Blindtext. Perfektion und Detailarbeit ist in dieser frühen Phase der Gestaltung eher hinderlich. Es engt nur ein, wenn alles schon so fertig wirkt.

Parallel wird an der textlichen Gestaltung gearbeitet. Der Texter denkt über einen knackigen Slogan nach oder entwickelt treffende Headlines für Plakat oder Anzeige. Auch hier geht es nicht um Details. Es werden also keine kompletten Manuskripte entwickelt und Werbemittel komplett ausgetextet. Die Idee ist im Ideenlabor und die Beteiligten probieren aus, wie sie sich verhält, und lernen die Idee bessern kennen. Weil in vielen Konzepten ein Slogan gefordert ist und sich viele mit der Entwicklung schwer tun, habe ich speziell für die Sloganfindung einige elementare Prinzipien festgelegt:

› Ein Slogan geht immer von der Positionierung des Kommunikationsobjekts aus. Es gilt, den Geist der Positionierung in griffige Worte zu fassen.

› Ein Slogan versteht sich als packender Schlachtruf und ist keinesfalls ein bedeutungsschwangeres „Mission Statement".

› Ein Slogan fasst sich kurz. Sieben Worte gelten gemeinhin als absolutes Maximum, wobei ein genialer Slogan auch mal wortreicher ausfallen darf.

> Ein Slogan ist ungewöhnlich, er hat einen kleinen Widerhaken, an dem die Aufmerksamkeit hängen bleibt. Also nicht „Volle Kraft voraus!", sondern besser „Voller Kraft voraus!".

> Ein Slogan muss klingen. Er hat einen Rhythmus und eine Wortmelodie, vielleicht hat er auch eine Synkope oder einen raffinierten Rhythmusbruch eingebaut.

> Ein gelungener Slogan wirkt wie eine Zauberformel auf die Zielgruppe. Sie muss auf den Slogan abfahren.

> Ein Slogan darf alles. Er darf sich des Englischem bemächtigen, er darf gegen die Regeln der deutschen Grammatik verstoßen, Umgangssprache einsetzen und mit Kunstworten arbeiten. Alles ist erlaubt, wenn das Sinn macht und nicht nur ein werblicher Gimmick ist.

> An einen guten Slogan kann man sich, auch wenn man ihn erst einmal gehört hat, noch tagelang erinnern. Er prägt sich auf der Stelle ein.

> Ein Slogan funktioniert nicht nur auf dem Papier, er trägt auch Events, Promotionsaktionen, PR-Kampagnen und vieles mehr. Es wird zum Schlachtruf für die gesamte Kommunikation.

Der Nano-Fall. Kreative Leitidee

Im Brainstorming fand die Analogie der Brücke die größte Zustimmung. Die Kommunikation schlägt eine Brücke zwischen der Nano-Kompetenz der TU und den klein- und mittelständischen Unternehmen der Region:

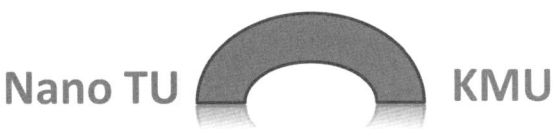

Die Beteiligten waren sich einig, dass die Brücke nicht direkt als Bild in die Kommunikation gebracht werden sollte. Diese Lösung erschien allen zu trivial. Man einigte sich stattdessen auf eine typografische Lösung:

Die Lösung bewegt sich innerhalb des Corporate Designs der TU Berlin. Das offizielle TU-Markenzeichen wird zum englischen „to". Es entsteh eine Brücke im Sinne von „nano to business". Die Nanotechnologie an der TU Berlin soll damit einen Eigennamen bekommen: nanoTUbusiness. Dieser Eigenname wird zum konstanten Absender und prägt den gesamten Kommunikationsauftritt.

In der weiteren Umsetzung bekommt die TU als Brücke noch größere Spannweite. Einzelne Maßnahmen nehmen den Brückenschlag auf:

› **nano*TU*web** – So soll das spezielle Internet-Portal für die Nanotechnologie der TU Berlin in Zukunft heißen.
› **nano*TU*night** – So wird der Auftritt der Nanotechnologie zur Langen Nacht der Wissenschaften in Berlin getauft.
› **nano*TU*work** – Das ist die Bezeichnung für den TU-Praxisworkshop zur Nanotechnologie, der sich gezielt an die mittelständische Wirtschaft wendet.

Die Bewertung der Ideen

Grafiker, Texter und andere Beteiligte präsentieren ihre Resultate. Die verschiedenen Ideen und Umsetzungsbeispiele hängen nebeneinander an der Pinnwand. Gemeinsam lassen wir die Ergebnisse auf uns wirken, jeder schildert seinen Eindruck. Wir vergleichen und bewerten die Ideen. Bei mir genügt meist ein erster Rundblick und ich habe meinen persönlichen Favoriten gefunden. Damit ist aber meine Entscheidung nicht gefallen, denn das Bauchgefühl ist nur die eine Seite. Auf der anderen Seite unterziehe ich alle Ideen aus der Endrunde einem kurzen Eignungstest. Ich prüfe, bevor ich mich konzeptionell binde:

› **Ist die Idee das Sinnbild der Positionierung?** – Die Positionierung in ein sinnlich fassbares Bild zu übersetzen, ist die Lebensaufgabe der Leitidee, dazu wurde sie entwickelt. Ich lege Idee und Positionierung nebeneinander. Zwar kann eine einfache Idee nie jede Nuance der Positionierung erfassen, aber darum geht es auch gar nicht, vielmehr muss der große Geist sofort spürbar sein.

118

› **Ist die Idee eine Idee anders?** – Abgegriffene Bilder und verlebte Werbeklischees taugen nicht als kreative Leitidee. Sobald man das Gefühl hat, die Idee schon tausend Mal gesehen und übersehen zu haben, sollte man misstrauisch werden. Eine gute Idee wirkt neu, frisch und unverbraucht.

› **Ist die Idee genial einfach?** – Eine gute kreative Leitidee zündet sofort. Ein Blick und es ist um mich geschehen. Muss ich erst nachdenken, was mir die Idee sagen will, muss ich sie mir gar erklären lassen, dann taugt die Idee nicht.

› **Wird die Zielgruppe die Idee lieben?** – Die Idee soll ja in erster Linie der Zielgruppe gefallen und nicht mir. Ich versetze mich in die Lage meiner Zielgruppe und mache sie mit der Leitidee bekannt. Nur wenn ich der festen Überzeugung bin, dass die Idee breiten Anklang finden wird, besteht sie den Eignungstest.

› **Lässt sich die Idee real umsetzen?** – Nicht wenige geniale Ideen scheitern an der Macht des Faktischen. Wenn das Budget knapp ist, für die Idee aber ein Fotoshooting in der Südsee fällig würde, dann kommen an der Brauchbarkeit der Idee schon in dieser frühen Phase Zweifel auf.

Alle fünf Kriterien müssen erfüllt werden. Liegt auch nur Kriterium deutlich daneben, dann taugt die Idee nicht. Mein Rat: In der kreativen Phase sollte man keine Kompromisse machen und sich mit lauen, halbherzigen Ideen zufrieden geben. Man bereut es später bitter. Ich für meinen Teil, gebe nie auf und suche bis kurz vor dem Abgabetermin weiter nach der einen, der einfachen, der außergewöhnlichen Idee.

Bisweilen begegnen mir Konzeptioner oder Agenturen, die mogeln sich um die kreative Auswahl und Entscheidung herum. Sie präsentieren dem Auftraggeber ein ganzes Füllhorn von Ideen und schieben die Entscheidung weit von sich: „Lieber Auftraggeber, suche dir doch einfach was Passendes raus". Damit bin ich überhaupt nicht einverstanden. Ein Kommunikationskonzept ist kein Versandhauskatalog, sondern trifft klare und eindeutige Entscheidungen, auch wenn es um die Kreation geht.

Überblick. Die kreative Zuspitzung

1. **Kreatives Briefing** – Aus Briefing und Strategie entwickeln Sie ein kurzes, eindeutiges Kreativbriefing. Eventuell schaffen Sie es sogar, die maßgeblichen konzeptionellen Vorgaben in einem aussagekräftigen Fragesatz zu verdichten.

2. **Brainstorming** – Allein, im Team oder mit Unterstützung von externen Kreativen gehen Sie auf Ideenexpedition. Dabei sollten Sie die Schere aus dem Kopf verbannen. Machen Sie sich frei und bilden Sie ausgehend vom Orientierungspunkt der Positionierung fantasievolle Analogien in jede Richtung.

3. **Ideen entfalten** – Aus der großen Ideensammlung filtern Sie die besten Ideen heraus. Welches Entwicklungspotenzial haben die Ideen? Sie spinnen den kreativen Faden weiter und denken über mögliche grafische, textliche und operative Entwicklungsmöglichkeiten nach. Ganz wichtig ist, dass Sie die Idee ins Bild setzen. Sie können besser entscheiden, wenn Sie sehen.

4. **Auswahl** – Die Ideen und die dazugehörigen Anschauungsbeispiele liegen vor. Zur Auswahl nutzen Sie zum einen Ihr Bauchgefühl, zum anderen überprüfen Sie die Tauglichkeit anhand der maßgeblichen Eignungskriterien. Geben Sie sich nicht mit halben Ideen zufrieden, gehen Sie aufs Ganze!

5. **„Big Idea" festlegen** – Die ausgewählte Idee wird zum charakteristischen Erkennungszeichen der gesamten Kommunikation. Alle Mittel und Maßnahmen stehen im Zeichen der Leitidee. Der Auftritt fügt sich zu einem geschlossenen Bild zusammen.

vorhandenen Zeitplanung Basismaßnahmen
Stammmaßnahmen
Medien Einteilung Planung stellt geht
selten Kommunikationskonzept macht erst sofort
einfach neue gibt sieht Verbindungen
operativ mehr operativen erfolgen
Unternehmen Brainstorming
Tag Event
Phasen Maßnahmenideen Teil kommt letzten
sicher Maßnahmenplanung gesamte
darum
mal Einsatz Maßnahmenstruktur Aktivitäten konkrete
hinaus Konzeptioner externe stehen •
gut Netz steht Strategie
neuen möglich eigenen System setzt gehört
kreative Ideen Erfolgskontrolle
Website
bleibt Kommunikation bringt
kreativen
schnell entsprechende • Botschaften Kraft zwei
beim Highlights immer Stelle liegen
entwickelt PR Konzepts geben wurde
darf Leitidee später Zielgruppe lange wirklich
Deshalb stellen
heraus Beteiligten Dramaturgie lasse sollen
gleich Zielgruppen klassischen
weit ganz Grenzen Anzeigen Ziele
versteht sogar Zeit Struktur Bereich
einzelne Fällen dar Bereiche Kunden
denen Kontrolle Beispiel Konzeption
jedoch passieren Konzept
lassen müssen Z.B strategischen
Phase sehen kommen richtige Erfolg lässt
mehrere Konzept großen
vorgegebenen bereits
Werbung entsteht Kosten schon Schritt
Auftraggeber Positionierung
fest Reihe vielen Kommunikationsmaßn
wäre ab Fall z.B Partner
einzelnen Maßnahme
gehen

04

Phase 04.
Die operative Planung

Ganzheitlich planen

Konzeption verändert, Konzeption bedeutet Evolution, das sollte in ganz besonderem Maße auch für die Konzeption der Maßnahmen gelten. Die Realität sieht bisweilen anders aus. In vielen Unternehmen und Institutionen hat sich ein bewährtes Repertoire von Mitteln und Maßnahmen konstituiert, das alle Jahre wieder zum Einsatz kommt. Bis auf kleine Nuancen oder kosmetische Auffrischungen wiederholen sich die Aktivitäten und werden zur Routine. Für die Kommunikationsverantwortlichen in diesen Unternehmen wirkt es wie ein Schock, wenn sie plötzlich mit einem Strategiekonzept konfrontiert werden, dass lieb gewonnene Werbe- und PR-Gewohnheiten zur Disposition stellt und eine Reihe von Veränderungen auf den Weg bringt. Sie hatten alles so sicher im Griff – und jetzt das. Muss das sein? Reflexartig gehen sie in Abwehrhaltung und stemmen sich gegen den Wandel. Es braucht viel Überzeugungsarbeit, bis alle einsehen, dass nur eine Kommunikation, die sich in einem steten Prozess verändert und selbst erneuert, eine auf Dauer erfolgreiche Kommunikation ist. Kommunikation ist Wandel.

Bei der Entwicklung der Maßnahmen liegt darum der erste Schlüssel zum Erfolg in einer Bereitschaft zur permanenten Veränderung. Der zweite Schlüssel ist die ganzheitliche, unabhängige Planungsweise. Es darf keine Vorlieben und keinen Einschränkungen geben. Bei jedem Konzept werden haargenau die Maßnahmen eingesetzt, die erforderlich sind, um die Aufgabe so sicher und schnell wie möglich zu lösen. Ganz gleich ob Werbung, PR, Event, Online-Kommunikation oder was immer, alles wird mobilisiert, wenn es den größtmöglichen Erfolg verspricht. Auch die Planung mit offenem Horizont trifft auf einige Hindernisse. Wenn man von Haus aus in der Pressearbeit verwurzelt ist, dann denkt man fast automatisch zuerst an Pressekonferenzen und Informationsbroschüren. Überzeugte Werbeleute versuchen die Probleme bevorzugt mit Anzeigen und TV-Spots zu lösen. Man fühlt sich seinem Heimatfach verbunden und schränkt dadurch das eigene Gesichtsfeld ein. Der weit verbreitete Fachpatriotismus führt jedoch selten zum bestmöglichen Ergebnis, einzig Aufgabenstellung und Strategie taugen als Maß aller Umsetzungsaktivitäten. Offen und ohne Filter werden genau die Mittel und Maßnahmen zusammengestellt, die das mutmaßlich schlagkräftigste System ergeben. Dabei ist es völlig gleichgültig, aus welcher Fachbereichsecke die Maßnahmen kommen. Konzeptioner sollten überzeugte Generalisten und keiner Einzeldisziplin verpflichtet sein.

Um den gewachsenen Ansprüchen zu genügen, hat sich die Agenturbranche in den letzten Jahren grundlegend gewandelt. Bei großen Agenturen gibt es so gut wie keine klassischen Werbeagenturen oder PR-Agenturen mehr. Alle Wettbewerber bieten ihren Auftraggebern inzwischen das komplette Spektrum der Kommunikationsmöglichkeiten an. Die Werbeagenturen fassen es unter dem Schlagwort „Cross-Media-Strategie" zusammen. Die PR-Agenturen reden von „Kommunikationsmanagement". Online-, Event- und Dialogmarketingagenturen stellen sich ebenfalls immer breiter auf.

Auch in Unternehmen und Institutionen treffe ich zunehmend auf Fachabteilungen, die alle Bereiche der Kommunikation unter einer Leitung vereinen oder die regelmäßige Kommunikationstreffen installiert haben, auf denen sich die beteiligten Fachleute gegenseitig informieren und abstimmen. Ausgestorben ist der über Jahrzehnte vorherrschende Separatismus der Fachbereiche damit aber noch lange nicht. Es gibt weiterhin Unternehmen, in denen die Kommunikation streng in mehrere Fachabteilungen separiert ist, die wie stolze Fürstentümer auftreten und ganzheitliche Kommunikation als Bedrohung ihrer Machtbasis auffassen. Jeder, der Kommunikationsaktivitäten isoliert plant, sollte wissen, dass die Zielgruppen da draußen nie unterscheiden und die Dinge differenziert betrachten. Sie erkennen und erleben die Kommunikation immer als Ganzes. Sobald im kommunikativen Auftritt Brüche entstehen, weil einzelne Teile nicht stimmig angepasst wurden, kommt bei den Zielgruppen intuitiv Misstrauen auf.

Zum umfassenden Wirkungskreis der modernen Unternehmens- und Marketingkommunikation gehören von Jahr zu Jahr mehr Einsatzbereiche. Gleichzeitig werden die einzelnen Bereiche in sich immer vielschichtiger und spezialisierter. Die Kommunikation übernimmt mehr Verantwortung. Aus dem klassischen Kommunikationshandwerk von einst ist längst eine komplexe Kommunikationsarchitektur geworden. Ein kurzer Rundblick soll die Vielfalt der Möglichkeiten aufzeigen.

Aufgabe der modernen **Public Relations** ist der Aufbau und die Pflege von dauerhaften Beziehungen zu Medien, Meinungsbildnern und zur breiten Öffentlichkeit. In den letzten Jahren hat die PR im Kanon der Kommunikation immens an Bedeutung gewonnen. Die Aufgaben sind vielfältiger und anspruchsvoller geworden. Zugleich verloren die Standard-Instrumente der PR wie Pressedienst, Presseinfo oder Tag der offenen Tür an Einfluss. Allein mit den Klassikern aus dem Lehrbuch lässt sich heutzutage nur noch wenig bewegen. Individuelle, gezielte PR wird immer wichtiger. Ein professionelles Themenmanagement ist entstanden, das den Einsatz der Themen über einen längeren Zeitraum systematisch durchplant. Neue Arbeitsbereiche wie Corporate Social Responsibility (Das Unternehmen übernimmt soziale Verantwortung und handelt wie ein guter Bürger), Public Affairs (Politische, wirtschaftliche und gesellschaftliche Entscheider werden direkt angesprochen und einbezogen) oder Online-PR (Die Information läuft immer stärker über das Netz und bekommt Dialogcharakter) gewinnen an Gewicht.

Speziell die **Online-Kommunikation** ist auf dem Vormarsch und dürfte demnächst alle anderen Disziplinen hinter sich lassen. Ich behaupte, dass heute schon in vielen Fällen der Online-Weg mit seinen vielfältigen Möglichkeiten die wichtigste Einsatzrichtung ist, obwohl Unternehmen mit konservativer Kultur damit noch ihre lieben Schwierigkeiten haben. Man muss bereit sein, offener, dialogbereiter und sozialer zu kommunizieren als über die klassischen Kanäle. Das Internet bringt der Kommunikation einen spürbaren Kontrollverlust und wird damit zum Albtraum für alle Kontrollfreaks, von denen es in den Führungsetagen deutscher Unternehmen noch einige gibt. Die Einsatzmöglichkeiten im Internet gehen weit über die obligatorische eigene Website und die nervende Internet-Werbung hinaus. Das Web 2.0 hat sich in den Vordergrund geschoben (Weblogs, Social Communities, Wikis, Podcasts), Online-Events (Flashmobs, E-Kongresse) werden immer gängiger. Mobiles Marketing (App-Anwendungen, SMS-Werbung, Location Based Services, Augmented Reality) gewinnen an Boden. Und das ist noch lange nicht alles. Die virtuelle Welt stellt die Kommunikation völlig auf den Kopf, nichts wird mehr so sein wie früher.

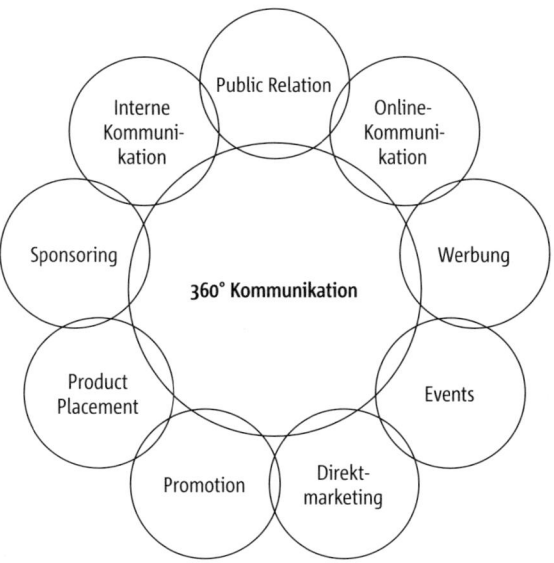

Im Gegensatz dazu hat die klassische **Werbung** an Geltung verloren. Jahrzehntelang spielte sie unangefochten die erste Geige im Orchester der Kommunikation, heute ist sie nur noch eine starke Stimme unter vielen im Ensemble. Dieser Rangverlust geht einher mit dem unaufhaltsamen Niedergang der Massenkommunikation. Breit gestreute Kommunikationsimpulse wie Anzeigen, Plakate oder TV-Spots verlieren massiv an Resonanzkraft, werden immer weniger wahrgenommen. Die erforderliche Werbewirkung erreicht nur, wer mit höchsten Etats hohen Druck erzeugt, nationale Kampagnenetats im achtstelligen Bereich sind keine Seltenheit mehr. Mittelständische Unternehmen, Behörden, Vereine und Initiativen können von solchen Budgetdimensionen nur träumen. Sie suchen sich andere Wege, denn sie haben erkannt, dass sie mit ihren bescheidenen Werbemöglichkeiten im ohrenbetäubenden Grundrauschen der Werbung nur sang- und klanglos untergehen würden. Dennoch ist die Werbung für mich alles andere als passé. Sie bleibt in vielen Fällen ein unentbehrliches Mitglied im großen Kommunikationsorchester. Um zum Beispiel eine „Lange Nacht" im städtischen Museum als stadttragendes Ereignis zu etablieren, dürften gut gemachte Anzeigen in der lokalen Zeitung und eine Plakatierung an allen Anschlagstellen der Stadt enorm helfen, der Veranstaltung den nötigen Ereignisrang zu geben.

Deutschland ist nicht nur eine Informations-, sondern auch eine Erlebnisgesellschaft. Kaum eine Kommunikationskampagne kommt noch ohne **Events** aus. Events präsentieren das jeweilige Kommunikationsobjekt zum Hören, Sehen und Fühlen, zum Anfassen und Ausprobieren. Die Zielgruppen werden involviert und das authentische Erlebnis steht im Vordergrund. Gekonnte Events hinterlassen Eindruck, sie wirken viel stärker als Anzeigen, Online-Banner oder Werbebriefe. Themen-bzw. Fachevents wie Innovationsforen oder Produktworkshops vermitteln Kompetenz und bieten fachlichen Nutzen. Infotainment-Events wie Markenshows oder Produktpräsentationen verbinden sachliche Information mit emotionaler Unterhaltung. Imageevents wie Jubiläumsfeiern und VIP-Sommerfeste stärken den Ruf und verbessern die Beziehungen. Seit einiger Zeit hat die Eventbranche für sich den Begriff „Live-Kommunikation" erfunden und will damit den eigenen Aktionsradius erweitern. Jedes Kommunikationsobjekt steht mitten im Leben und die Live-Kommunikation setzt die nötigen Lebenszeichen. Eine Biografie voller Ereignisse und Episoden, Überraschungen und Wendungen entsteht. Die Idee der Live-Kommunikation ist bestechend, doch die praktische Umsetzung lässt aus meiner Sicht noch einiges zu wünschen übrig.

Das **Direktmarketing** hatte lange Jahre hohe Zuwächse und gewann immens an Bedeutung, im Moment stagniert der Kommunikationsbereich und entwickelt sich teilweise sogar rückläufig. Ein Grund mag darin liegen, dass das Direktmarketing auf der Jagd nach steigenden Umsätzen und höheren Marktanteilen den Bogen überspannt und seinen Ruf mit zweifelhaften Kommunikationsmethoden ramponiert hat. Vor allem das Telefonmarketing grenzte nicht selten an Belästigung. Unter Direktmarketing versteht man die direkte Ansprache von selektierten Zielgruppen mit Reaktions- und Dialogmöglichkeit. Zu den Instrumenten des Direktmarketings gehören das Direktmailing per Brief, das in jüngster Zeit in Verruf geratene Telefonmarketing über Call-Center und der Online-Dialog per e-Mail, Chat oder IP-Telefonie.

360° Kommunikation

Interne Kommunikation	Sponsoring	Product-Placement	Promotion	Direktmarketing	Events	Werbung	Online-Kommunikation	Public Relations
Face-to-Face-Kommunikation	Sport-Sponsoring	Kino-/TV-Placement	Verbraucher-Promotion	Direct-Medien	Themen- / Fach-Events	Printmedienwerbung	Websites, Microsites	Klassische Medienarbeit
Print-Kommunikation	Kultur-Sponsoring	Internet-/Game-Placement	Händler-Promotion	Direct-Mailing	Verkaufs-Events	TV-, Funk- und Film-Werbung	E-Mail, Newsletter	Medienpartnerschaft
Elektronische Kommunikation	Sozio-Sponsoring	Kultur-/Konzert-Placement	Vertriebs-Promotion	Telefon-Marketing	Infotainments-Events	Außen- und Ambiente-Werbung	Web 2.0, Social Media	Individuelle Medienarbeit
	Öko-Sponsoring	Merchandising / Licensing		Direkt-TV	Image-Events	Online-Werbung	Mobile Media	PR-Events
					Messe / Ausstellung		Online-Events	Online-PR
								Lobbying / Public Affairs
								Networking
								Corporate Social Responsibility

Die **Promotion** – auch Verkaufsförderung genannt – unterstützt den „Verkauf" von Produkten, Dienstleistungen, Unternehmen, Parteien, Ideen, Spenden und mehr. Zur Promotion gehört die Verkaufsförderung im Handel (Aufsteller, Deckenhänger, Degustationen), die Schulung und Motivation der Vertriebsteams (Außendiensttagungen, Vertriebswettbewerbe) und die Promotion direkt beim potenziellen Kunden (Infostände, Roadshows, Gewinnspiele). Ein Lebensmittelhersteller verteilt Warenproben im Supermarkt. Eine Hochschule lädt Schüler zur Schnuppervorlesung ins Audimax. Ein Berufsverband sucht für die Branche Nachwuchs und organisiert eine Azubi-Roadshow quer durch Deutschland. All das gehört ins Feld der Promotionsaktionen.

Im Kern geht es beim **Sponsoring** um einen Imagetransfer. Man stellt sich hinter einen erfolgreichen Bundesligaclub oder ein bekanntes Theater, in der Hoffnung, dass deren Beliebtheit auf einen abstrahlt. Die tatsächliche Wirkung ist jedoch nur schwer messbar, so dass es das Sponsoring in Zeiten knapper Kassen zunehmend schwerer hat. In meiner Praxis mache ich die Erfahrung, dass Sponsoringaktivitäten eher durch persönliche Sympathien, gesellschaftliche Verpflichtungen oder indirekte „Bestechungen" gesteuert werden, denn durch professionelle Kommunikationskonzepte. Auch hat sich gezeigt, dass es wenig Sinn macht, hier mal ein paar tausend und da mal ein paar tausend Euro zu geben. Sponsoringgeber und Sponoringnehmer müssen zusammenpassen, eine dauerhafte Allianz bilden und sich auf vielen Ebenen unterstützen. Clevere Unternehmen haben deshalb feste Regeln für das Sponsoring entwickelt und konzentrieren ihr Engagement auf wenige zentrale Sponsoringprojekte.

Auch auf dem Terrain des **Product Placements** ist die Euphorie abgeklungen. Während vor einigen Jahren alles möglich schien, wurden zwischenzeitlich die Grenzen zur Schleichwerbung eindeutiger festgelegt. Product Placement kennen die meisten aus dem Kino. In vielen Spielfilmen tauchen bekannte Markenprodukte auf und die Hersteller zahlen viel Geld dafür. Aber Placement gibt es auch in vielen anderen Bereichen, zum Beispiel in TV-Sendungen, Computerspielen, Theaterstücken, Ausstellungen, Festivals oder Konzerten. So ist es bestimmt kein Zufall, wenn der weltberühmte Rockstar auf der Bühne sich ein ganz bestimmtes Mineralwasser über den Kopf gießt oder im Computerspiel der Held mit einem BMW-Mini durch die virtuelle Landschaft rauscht. Da alle Menschen notorische Nachahmer sind, und sich bewusst oder unbewusst an Vorbildern orientieren, rechnen sich Unternehmen gute Chancen aus, wenn ihr Produkt im identifikationsstarken Kontext auftaucht. Wobei der Begriff Produkt sehr weit zu fassen ist. Das Placement kann auch für Regionen, Personen, politische Ideen, Musikstücke, bestimmte Informationen oder Verhaltensweisen erfolgen.

Fehlt noch die **interne Kommunikation**. Darunter versteht man die Kommunikation mit den eigenen Mitarbeiterinnen und Mitarbeitern. Schon mit begrenzten Mitteln lässt sich im Kollegenkreis viel bewegen. Im Getriebe der ganzheitlichen Kommunikation stellt die Mitarbeiteransprache für mich ein wichtiges Zahnrad dar, denn ich erlebe ständig, dass Positionierung und Botschaften nur dann ausreichend Überzeugungskraft entwickeln, wenn sich die Mitarbeiter dahinter stellen und als Botschafter auftreten. Erfolgreiche Kommunikation nach Innen geht weit über reine Informationen und Bekanntgaben per Order di Mufti hinaus. Sie versteht sich als eine Plattform des Austausches, die offen für den Dialog ist und von Fairness geprägt wird.

In meinen Konzepten wähle ich die geeigneten Kommunikationsmaßnahmen aus, kombiniere sie miteinander und bringe sie in eine zeitliche Dramaturgie. Bisweilen wird mir aber im Laufe der operativen Planung klar, dass die anstehende Kommunikationsaufgabe allein mit kommunikativen Mitteln nicht optimal zu lösen ist. In diesem Fall zögere ich nicht, auf Maßnahmen zurückzugreifen, die außerhalb des Radius der konventionellen Kommunikationspolitik liegen.

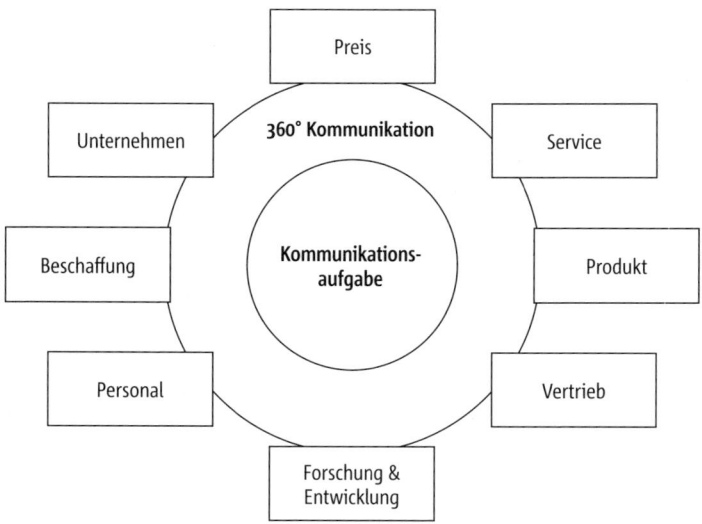

Wenn es der Problemlösung dient, dann mische ich mich gezielt und gut begründet in die Preispolitik, die Produktgestaltung, die Beschaffung oder andere Unternehmensbereiche ein. Ich will den Erfolg und weise den besten Weg dorthin, auch wenn der über fachfremdes Terrain führt. Freilich sondiere ich, bevor ich mein heimisches Kommunikationsterrain verlasse, erst einmal in einem Rebriefing die Akzeptanz meiner Planungsvorschläge. Ich hole mir das grüne Licht meines Auftraggebers, damit ich später in der Konzeptpräsentation nicht ins offene Messer laufe. Einige Beispiele sollen das Prinzip der übergreifenden Planung verdeutlichen:

› **Z. B. Vertriebspolitik** – In der Kommunikationsstrategie wurde der neue Biopudding als „Familienprodukt" positioniert und eine entsprechende Kampagne vorbereitet. Die dazu passende Familiengroßpackung existiert zwar, wird aber von zwei großen Discountketten nicht vertrieben. Das Konzept schlägt deshalb vor, bei den nächsten Listungsgesprächen im Frühjahr, die Familiengroßpackung zu einem Gesprächsschwerpunkt zu machen.

› **Z. B. Servicepolitik** – Das Unternehmen Geoblitz positioniert sich als „der Spitzenreiter im Wärmepumpen-Service". Die Serviceleistungen sind tatsächlich weit über dem Durchschnitt. Lediglich die Reaktionszeit bei Notfällen ist deutlich länger als beim Hauptkonkurrenten. Deshalb rät das Kommunikationskonzept, baldmöglichst einen 8 Stunden-Notfallservice einzuführen, um die Positionierung wirklich sattelfest zu machen.

› **Z. B. Führungspolitik** – Ein Industrieverband hat zwei Geschäftsführer. Das Kommunikationskonzept etabliert den Verband als „die dialogstarke Interessenvertretung" und startet eine Vortrags- und Talkshow-Offensive. Da einer der beiden Geschäftsführer alles andere als ein Medientyp ist, regt das Konzept an, die Rollenverteilung zu optimieren und alle öffentlichen Auftritte auf den mediensicheren Geschäftsführer zu konzentrieren.

› **Z. B. Personalpolitik** – Bei einem Forschungsinstitut rangierte die Kommunikation bisher unter „ferner liefen". Der gesamte Aufgabenbereich wurde mit einer halben Stelle abgedeckt und die verantwortliche Dame war mit Routineaufgaben zugeschüttet. Da sich verstärkt externe Interessengruppen einmischen, hat man erstmals ein Kommunikationskonzept entwickelt. Das Konzept startet eine gezielte Offensive. Das Ganze hat jedoch einen Schönheitsfehler: Die einsame Kommunikationsdame wäre mit einer solchen Offensive zeitlich völlig überfordert. Deshalb schlägt das Konzept die Einstellung einer studentischen Hilfskraft für die Zeit der Offensive vor.

Solche Erweiterungen müssen behutsam und mit taktischem Geschick ins Gespräch gebracht werden. Die Grenzen dürfen auch nur dann überschritten werden, wenn es unbedingt erforderlich ist. Ansonsten reagieren die betroffenen Fachabteilungen schnell ziemlich verschnupft und bügeln den Vorschlag ab.

Die Maßnahmen strukturieren

Der operative Teil des Konzepts beschreibt die an der Strategie ausgerichtete Formation der Maßnahmen in Raum und Zeit. Die Strategietafel liegt auf dem Tisch und dient als Richtgröße. Auf keinen Fall darf die operative Pla nung zu einem Sammelsurium von Maßnahmenvorschlägen verkommen, die Maßnahmenplanung braucht System. Als Voraussetzung muss ihr gleich zu Anfang eine einfache Struktur zugrunde gelegt werden.

Wie sieht eine geeignete Struktur aus? Ich gehe üblicherweise zum fünften und letzten Schritt der strategischen Phase zurück und schaue mir die Vorgaben meiner Handlungsstrategie an. Welchen Kurs habe ich da festgelegt? Häufig gibt der strategische Kurs bereits das Schema für die Maßnahmenstruktur vor. Bei der „Big-Bang-Strategie" inszeniert man die Kommunikation bekanntlich um einen Höhepunkt. Hier wäre eine Unterteilung in drei Bereiche sinnvoll: Der große Knall selbst, die hinführenden Maßnahmen im Vorfeld und die nachbereitenden Maßnahmen hinterher. Bei der „Allianz-Strategie" läuft die Kommunikation zusammen mit Partnern. Angenommen es geht konkret um zwei Partner. Die Struktur könnte dann zwischen Solitär-Maßnahmen, Maßnahmen mit Partner 1 und Maßnahmen mit Partner 2 unterscheiden. Die „Zangen-Strategie" geht von zwei Seiten gleichzeitig auf die Zielgruppen zu. Möglich wäre eine Differenzierung in Maßnahmen, beispielsweise aus Herstellerrichtung und Maßnahmen aus Handelsrichtung.

Bei einigen Handlungsstrategien ließe sich eine adäquate Struktur nur um drei Ecken ableiten. Das ist zum Beispiel bei der Me-too-Strategie der Fall. Bei der geht es darum, sich mit der Kommunikation eng an einen erfolgreichen Mitbewerber anzulehnen. Oder bei der Elitestrategie, hier konzentriert sich die Kommunikation auf einige glückliche „Auserwählte". In diesen und anderen Fällen fällt es mir schwer, eine sinnvolle Struktur zu erkennen und abzuleiten. Deshalb öffne ich meinen Fokus, schaue mir den gesamten strategischen Block an und entscheide, welche der klassischen Strukturmodelle für die vorgegebene Strategie am besten passt:

› **Einteilung nach Zielgruppen** – Ich ordne die Maßnahmen nach den in der Strategie definierten maßgeblichen Zielgruppensegmenten: Maßnahmen für Kunden, Maßnahmen für Medien, Maßnahmen für Meinungsbildner, Maßnahmen für Mitarbeiter etc.

› **Einteilung nach Zeit** – Die Maßnahmen werden in verschiedene Zeitphasen aufgefächert. Die Kommunikation bekommt so eine feste zeitliche Dramaturgie. Zum Beispiel Vorbereitungsmaßnahmen, Startmaßnahmen und Etablierungsmaßnahmen.

› **Einteilung nach Instrumenten** – Bei der Maßnahmenplanung teilt man nach den klassischen Kommunikationsbereichen ein: Werbemaßnahmen, PR-Maßnahmen, Online-Maßnahmen, Event-Maßnahmen, Dialog-Maßnahmen. Dieses Modell wird in der Praxis immer wieder gern genutzt, aber ich persönlich bin kein großer Freund davon. Für mich kommt die Struktur nach Instrumenten zu lehrbuchmäßig daher.

> **Einteilung nach Zielen** – Die Maßnahmen gliedern sich nach den strategischen Kommunikationszielen. Zum Beispiel Akzeptanzmaßnahmen, Bindungsmaßnahmen und Aufmerksamkeitsmaßnahmen. Das macht allerdings nur Sinn, wenn sich die Maßnahmen in der Mehrzahl einzelnen Zielen zuordnen lassen. Vorsicht! Eine Einteilung nach Zielen ist in vielen Fällen möglich, aber nur Fortgeschrittenen zu empfehlen, denn man schießt hier leicht über die Ziele hinaus.

> **Einteilung nach Kommunikationsregionen** – In bestimmten Konzeptionssituationen kann es erforderlich werden, für unterschiedliche Regionen maßgeschneiderte Maßnahmen zu entwickeln. Zum Beispiel Kommunikationsmaßnahmen für den deutschen Markt, Maßnahmen für den europäischen Markt und Maßnahmen für außereuropäische Exporte .

> **Einteilung nach Kommunikationsobjekten** – Bisweilen ist das Kommunikationsobjekt aus mehreren Angebotsbereichen zusammengesetzt und es ist ratsam, dass die einzelnen Bereiche unterschiedlich kommuniziert werden. Zum Beispiel Maßnahmen für die Kleingeräte, Maßnahmen für die Großgeräte, Maßnahmen für Auftragsfertigungen.

Bei fast allen Strukturmodellen führe ich zusätzlich einen Bereich der „Basismaßnahmen" ein. Die Aktivitäten aus diesem Maßnahmenblock gelten übergreifend für alle Bereiche. Sie kommen als Grundausstattung überall zum Einsatz.

Nachdem ich mich für ein Strukturmodell entschieden habe, lege ich für jeden Bereich ein eigenes Notizblatt an, schreibe oben drüber die Strukturbezeichnungen wie „Vorbereitungsmaßnahmen", „Startmaßnahmen", „Basismaßnahmen" oder was auch immer. Damit sind alle Vorarbeiten erledigt und ich kann mich an die kreative Entwicklung der geeigneten Maßnahmen machen.

Stammmaßnahmen integrieren

Der nun folgende Entwicklungsschritt ist nur bedingt kreativ, aber eine notwendige Voraussetzung: Ich optimiere das bereits vorhandene Maßnahmeninventar. Kein Unternehmen fängt in der Kommunikation bei Null an. Im Regelfall gibt es längst einen soliden Stamm an Mitteln und Maßnahmen, der in der Vergangenheit immer wieder eingesetzt wurde und sich bewährt hat. Es wäre ein Kardinalfehler, diesen Stamm rabiat zu stürzen und alles anders machen zu wollen. Da käme großer Frust bei den Kommunikationsbeteiligten auf: „War denn wirklich alles schlecht, was wir bisher gemacht haben?" Zum anderen stellen die vorhandenen Maßnahmen solide Erfahrungswerte dar, auf denen man sicher aufbauen kann. Der Stamm hilft, dem zukünftigen Kommunikationskurs die nötige Stabilität zu geben. Daher halte ich mich an die Regel, so viele Stammmaßnahmen wie möglich zu erhalten. Hin und wieder entwickle ich sogar Konzepte, bei denen nicht eine einzige neue Maßnahme dazukommt, sondern schlichtweg die vorhandenen Aktivitäten wesentlich besser verbunden und austariert werden. Denn es war eigentlich schon alles da, was gebraucht wird, es wurde bisher nur reichlich unkoordiniert eingesetzt.

Bei der Sondierung des vorhandenen Inventars stehe ich bei jeder Maßnahme vor drei Entscheidungsalternativen:

› **Die Stammmaßnahme 1:1 übernehmen** – Eine einzelne Maßnahme passt, so wie sie ist, sauber in die Kommunikationsstrategie. Daher übernehme ich sie ohne jede Modifikation in die neue Planung und ordne sie in meine Maßnahmenstruktur ein.

› **Die Stammmaßnahme anpassen** – Ich stoße auf eine bewährte Maßnahme, die im Großen und Ganzen im Sinne der Strategie arbeitet, nur an einigen Ecken, da hakt es noch. Ich ziehe die Konsequenzen und lege fest, welche Anpassungen notwendig sind. Die runderneuerte Maßnahme wird als feste Planungsgröße in mein Konzept integriert.

› **Die Stammmaßnahme ausmustern** – Einige Maßnahmen passen einfach nicht mehr zur zukünftigen Kommunikationsstrategie. Sie würden den neuen Kurs bremsen, anstatt ihn zu beschleunigen. Deshalb sortiere ich sie aus, sie spielen ab sofort keine Rolle mehr. Um meinem Auftraggeber die Trennung zu erleichtern, erläutere ich im Konzept stets alle triftigen Gründe für die Ausmusterung. Keine Stammmaßnahme verschwindet einfach so von der Bildfläche.

Auf meinen Notizblättern habe ich alle Stammmaßnahmen, die übernommen werden, in den entsprechenden Strukturbereich eingeordnet. Noch wirken die Blätter relativ leer, aber das wird sich gleich ändern.

Neue Maßnahmen addieren

Es ist Zeit für das Maßnahmen-Brainstorming. Gesucht werden geeignete neue Maßnahmenideen, die sich richtig ins Zeug legen und die Strategie mit aller Kraft durchsetzen. Das Brainstorming kann, wie in der kreativen Phase, als Solo oder im Team erfolgen. Bei Teamarbeiten empfiehlt es sich, dass erfahrene Praktiker mit am Tisch sitzen, die ihre operativen Erfahrungen einbringen.

Die Regie des Brainstormings orientiert sich an der vorgegebenen Maßnahmenstruktur. Ich sammle die Ideen also nicht bunt durcheinander. Angenommen, mein Strukturmodell gibt Kundenmaßnahmen, Medienmaßnahmen und Mitarbeitermaßnahmen vor, dann lasse ich mir nacheinander zu jedem der drei Bereiche Maßnahmen einfallen, wobei ich stets mit dem strategisch wichtigsten Bereich beginne. Im gerade genannten Modell dürften das die Kundenmaßnahmen sein. Ansonsten bleibe ich während des gesamten Brainstormings offen, meine Maßnahmenideen kommen aus allen Bereichen der Kommunikation oder gehen sogar darüber hinaus. Ich grenze nicht auf einzelne Disziplinen wie Werbung oder PR ein, mir steht die gesamte Palette der Kommunikationsinstrumente zur Verfügung. Außerdem ist für mich jede Maßnahme ein Unikat. Es gibt keine Maßnahmen von der Stange, ich versuche aus jeder Kommunikationsaktivität etwas Besonderes zu machen. Dabei geht es mir nicht darum, den „letzten Schrei" unter den Maßnahmen zu finden. Ich bevorzuge stattdessen Maßnahmen, die für meinen Auftraggeber gewohnt sind und eine gewisse Sicherheit bieten, die ich aber auf ungewöhnliche Art und Weise in Szene setze. Ich schlage beispielsweise zum Thema Klimawandel eine ganz gewöhnliche Pressekonferenz vor, lasse diese Konferenz aber im Pinguinhaus des städtischen Zoos stattfinden. Ich entwickle eine Imagebroschüre für einen Tapetenhersteller, lasse die Broschüre jedoch aus der Rolle fallen, indem ich sie in Rollenform konzipiere.

Während der Ideenfindung verliere ich meine Strategietafel nicht aus den Augen und versuche mich auf Maßnahmenideen zu konzentrieren, die auf der Linie meiner Strategie liegen. Es findet gleichwohl keine Zensur statt, erst einmal werden alle Ideen aufgeschrieben, auch wenn sie sich der Strategie widersetzen. Wer weiß, vielleicht entpuppt sich gerade eine quer zur Strategie liegende Idee später als entscheidender Anstoßpunkt für eine geniale Assoziationskette in die richtige Richtung.

Falls ich einen schlechten Tag erwische und mir keine brauchbaren Maßnahmen einfallen, rege ich meine grauen Zellen an. Ich bummle durchs Internet und lasse mich inspirieren. Dort gibt es eine Vielzahl von Websites, die beispielhafte Kampagnen und Aktionen mit interessanten Maßnahmen vorstellen. Da lässt sich einiges an Honig saugen – und die Notizblätter füllen sich.

Die Maßnahmen prüfen

Mir macht das Maßnahmen-Brainstorming jedes Mal viel Spaß. Es fällt mir leicht, Ideen für greifbare Dinge, konkrete Aktivitäten zu finden. Vor meinem geistigen Auge kann ich mir die Maßnahmen schon mitten im Leben vorstellen. Es läuft ein innerer Film ab.

Der daran anschließende Schritt ist dann vergleichsweise ernüchternd. Nun muss geprüft werden, ob die tollen Maßnahmenideen auch tatsächlich zur Strategie passen. Um nicht inspirationstötend zu wirken, blieb die Strategie während des Brainstormings zwar im Blickfeld, aber mit Absicht im Hintergrund. Jetzt rückt sie ganz nach vorne und wird zur Elle, an der sich jede Maßnahme messen lassen muss.

Manche meiner Kollegen gehen mit Bewertungspunkten und Gewichtungsfaktoren zu Werke, um die Maßnahmeneignung zu prüfen. Ich fühle mich bei der quantitative Verfahrensweise unwohl und verlasse mich lieber auf meine Intuition. An dieser Stelle der Konzeptarbeit stecke ich schon so tief im Thema, dass ich ein sicheres Gefühl für Chancen und Grenzen der Maßnahmen entwickelt habe. Ich überprüfe den Anschluss an alle fünf Stationen der Strategie:

> **Ziele** – Ist die Maßnahme X ganz dicht an den Kommunikationszielen dran? Arbeitet sie mit ganzer Kraft daran, die vorgegebenen Ziele zu erreichen? Da sich die Ziele nicht selbst erreichen können, sind die Maßnahmen quasi der Treibstoff für die Ziele. Der Treibstoff sollte einen möglichst hohen Wirkungsgrad haben.

> **Zielgruppe** – Passt die Maßnahme X zur Zielgruppe? Wird die Zielgruppe die Maßnahme beachten und nutzen? Fällt die Antwort unbefriedigend aus, kann man überlegen, wie sich die Maßnahme umbauen lässt, damit sie die Zielgruppe besser erreicht. Verspricht ein Umbau keinen Erfolg, sortiere ich die Maßnahme aus.

> **Positionierung** – Eignet sich die Maßnahme X, um die Positionierung zu repräsentieren? Falls Zweifel aufkommen: Wie müsste die Maßnahme verändert werden, um die Positionierung zu tragen? Umgedreht stellt sich die Frage nicht. Es darf keine Positionierung umgestellt werden, um sich einer Maßnahme anzupassen.

> **Botschaften** – Ist die Maßnahme X geeignet, eine oder mehrere Botschaften Richtung Zielgruppe zu transportieren. Wie lassen sich gegebenenfalls die Transporteigenschaften verbessern?

> **Handlungsstrategie** – Funktioniert die Maßnahme X im Sinne der strategischen Handlungsanweisung? Bringt sie die Handlung ins Rollen?

Sobald ich bei einer Maßnahme ernste Zweifel habe, dass sie im Sinne der Strategie funktioniert, gibt es nur eine Schlussfolgerung: Die Maßnahme hat im Konzept nichts zu suchen und wird aus dem Rennen genommen. Das kann bisweilen ausgesprochen deprimierend sein. Da erwischt es doch ausgerechnet meine Lieblingsmaßnahme. Ich war so stolz auf sie, schon lange ist mir keine so spritzige Maßnahme mehr eingefallen. Aber was hilft es, wenn die Maßnahme nicht auf dem Boden der Strategie steht, dann steht sie im Aus.

Nach der strategischen muss die operative Eignung kontrolliert werden. Auch hier bewerte ich hauptsächlich mit Erfahrungswerten und Fingerspitzengefühl. Im Einzelnen ist abzuklären:

› **Kosten** – Bewegt sich die Maßnahme X innerhalb des Etatrahmens? Lassen sich ihre Kosten in Relation zu den anderen Maßnahmen vertreten? Wie lassen sich eventuelle kostentreibende Bestandteile eliminieren?

› **Personal** – Ist die zur Verfügung stehende „Manpower" willens und in der Lage, die Maßnahme X in Angriff zu nehmen und erfolgreich zu Ende zu führen? Welche Chance habe ich, externe Kräfte als Verstärkung einzusetzen?

› **Zeit** – Reicht die zur Verfügung stehende Zeit, um die Maßnahme X vorzubereiten und sicher durchzuführen? Sind hierbei die langen Entscheidungs- und Abstimmungswege in vielen Unternehmen und Institutionen berücksichtigt?

› **Prämissen** – In der Aufgabenstellung hat der Auftraggeber eventuell Prämissen festgelegt, die den operativen Teil tangieren. Zum Beispiel fordert ein humanitärer Verein eine gewisse ethische Aufrichtigkeit in der Kommunikation. Oder ein Unternehmen will sichergestellt wissen, dass die Maßnahmen auf jeden Fall langfristig für fünf Jahre einsetzbar sind. Werden diese Prämissen von der Maßnahme X eingelöst?

Mag sein, die Prüfung hat mehrere Maßnahmen durchfallen lassen und es sind sichtbare Lücken gerissen worden. Dann ist es erforderlich, in einer Art Nach-Brainstorming gezielt neue Maßnahmen für den Lückenschluss zu suchen.

So, an dieser Stelle wiederhole ich noch einmal den Stand der operativen Planung. Zuerst lege ich die Struktur für die Maßnahmenplanung fest. Dann filtere ich die vorhandenen Stammmaßnahmen. Der Stamm wird entsprechend angepasst oder unverändert übernommen. Womöglich wird die eine oder andere alte Maßnahme aus dem Rennen genommen. Anschließende sammle ich in einem Brainstorming neue Maßnahmenideen. Die Ideen werden auf ihre konzeptionelle Eignung hin überprüft und gefiltert. Übrig bleibt eine strukturierte Sammlung von bewährten und neuen Maßnahmen. Als nächstes vernetze ich die Maßnahmen und bringe sie in eine stimmige Formation.

Die Einzelmaßnahmen vernetzen

Als meine Tochter noch kleiner war, habe ich am Sonntagvormittag oft mit ihr Kuchen gebacken. Vor allem begeisterte sie, dass aus einzelnen Zutaten beim Backen etwas völlig Neues entstand. Bei Konzeptionen passiert etwas ganz Ähnliches. Mein Konzept ist das Rezept, der Maßnahmenplan steht für die Zutatenliste und sobald ich die Maßnahmen miteinander verbinde, entsteht etwas Neues. Erst das Ganze bringt die Zielgruppen auf den Geschmack. Der entsprechende Fachbegriff heißt „Emergenz". Durch das Zusammenspiel der Elemente bilden sich ganz neue Eigenschaften heraus. Die volle Wirkung entsteht erst durch die Summe der Teile. Wer die Maßnahmen im Konzept nur strukturiert und an der Strategie ausrichtet, aber nicht miteinander verbindet, der vergisst, den Kuchen zu backen und gibt sich damit zufrieden, die richtigen Zutaten auf dem Tisch zu stellen.

Das Raster, auf das ich mein Netz anlege, ist die bereits festgelegte Maßnahmenstruktur. Die Maßnahmen sind meine Verbindungsknoten. Ich spiele mit ihnen mehrere Verbindungen durch und probiere solange aus, bis sich ein schlüssiges System ergibt. Das ist fast wie beim Puzzle spielen. Am Ende fügt sich ein einfaches und klares Netz zusammen, gordische Knoten sind unbedingt zu vermeiden. Immer mal wieder lassen sich einzelne Maßnahmen nicht sinnvoll in das Netz einbringen, sie bleiben als Rest. Entweder modifiziere ich sie so, dass sie kompatibel werden oder sie fliegen aus dem Konzept. Nur in seltenen, gut begründeten Einzelfällen bleibt eine Maßnahme als Insel stehen. Andererseits kann es auch passieren, dass alle vorhandenen Maßnahmen verbunden werden, das Netz aber offensichtlich noch ein Loch aufweist. Dann schließe ich dieses Loch kurzerhand mit einer neuen adäquaten Maßnahme.

Kommunikationsmaßnahmen können innerhalb des Netzwerks zwei unterschiedliche Funktionen haben:

› **Schlüsselmaßnahmen („Highlights")** – Sie sind die Hauptantriebskräfte der Kommunikation und bilden die Achsen, um die herum sich alles andere anordnet. In jeder Kampagne gibt es nur wenige Höhepunkte. Eine Bio-Tech-Forschungsgemeinschaft veranstaltet als Höhepunkt ihres Kommunikationsjahres einen internationalen Wissenschaftskongress. Für eine Senioren-Bürgerinitiative stellt ein breit gestreuter offener Brief den Leuchtturm unter den Aktivitäten dar.

› **Basismaßnahmen („Basics")** – Sie sind notwendig, damit sich das Kommunikationsgeflecht schließt und die Kommunikation funktioniert. Ich bezeichne sie auch gern als „Butter- und Brot-Aktivitäten". Die Basismaßnahmen gruppieren sich um die Highlights und geben dem Netz eine ausreichende Spannweite und Stabilität. Die Bio-Tech-Forschungsgemeinschaft bringt schon seit Jahren regelmäßig einen Newsletter heraus, der über neue Forschungsergebnisse informiert. Die Bürgerinitiative unterhält im benachbarten Gemeindehaus ein schwarzes Brett, das über neue Aktivitäten informiert.

Den Aufbau des Netzes beginne ich von den Highlights aus. Ich ordne die passenden Basismaßnahmen dazu und baue Verbindungen auf. Damit ich mir ein Bild machen kann, entsteht das Netz nicht nur in meinem Kopf, sondern als wildes Gekritzel auf meinem Notizblock. Später übersetze ich die Skizze in ein ordentliches Diagramm und füge es in meine Konzeptpräsentation ein. Das sieht dann zum Beispiel so aus:

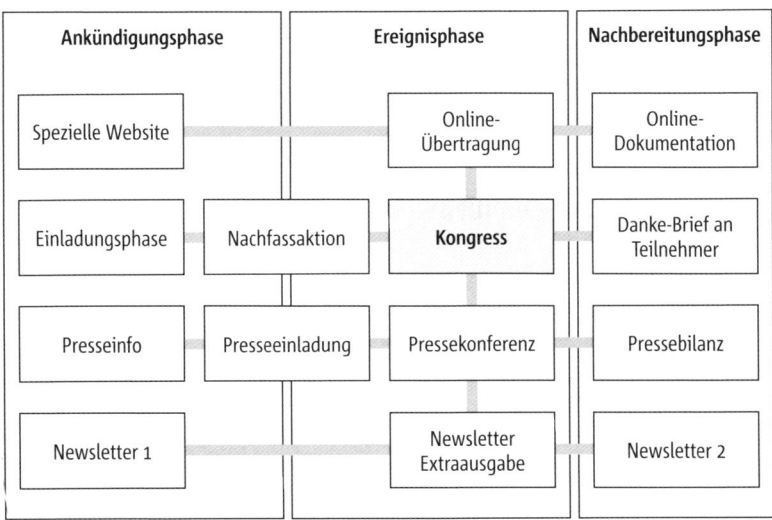

Ankündigungsphase		Ereignisphase	Nachbereitungsphase
Spezielle Website		Online-Übertragung	Online-Dokumentation
Einladungsphase	Nachfassaktion	**Kongress**	Danke-Brief an Teilnehmer
Presseinfo	Presseeinladung	Pressekonferenz	Pressebilanz
Newsletter 1		Newsletter Extraausgabe	Newsletter 2

Im vorliegenden Beispiel gibt es nur ein „Highlight". Das ist eine Kongressveranstaltung, um die sich alles gruppiert. Im Vorfeld wird das Ereignis auf mehreren Kanälen angekündigt und nach der Veranstaltung folgt eine angemessene Nachbereitung. Man kann mit Fug und Recht kritisieren, dass die Verbindungslinien nicht vollständig sind. In der Tat, das sind sie nicht! Es gibt noch eine ganze Reihe weitere Beziehungslinien, würde ich diese jedoch alle ins Diagramm aufnehmen, dann ergäbe sich ein unüberschaubares Gestrüpp. Deshalb baut man nur die Hauptverbindungslinien ins Schaubild ein. Wer weitere Verbindungsdetails sichtbar machen will, der arbeitet zusätzlich mit Fokus-Ausschnitten. Hierbei wird für eine einzelne Maßnahme das spezifische Beziehungsgeflecht herausgezoomt.

Im Netz des Kongress-Highlights gibt es u. a. die Basismaßnahme einer speziellen Website für die Veranstaltung. Der Fokus zeigt, wie vielschichtig die

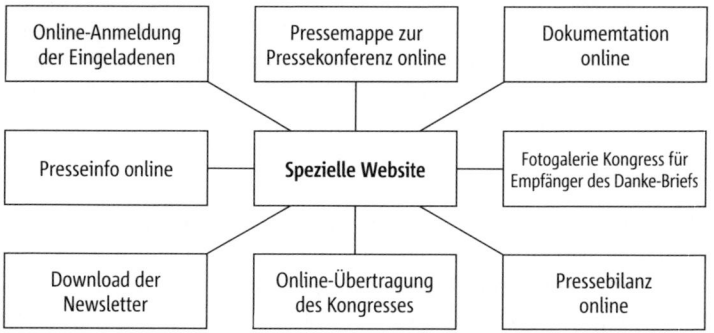

Online-Anmeldung der Eingeladenen	Pressemappe zur Pressekonferenz online	Dokumemtation online
Presseinfo online	**Spezielle Website**	Fotogalerie Kongress für Empfänger des Danke-Briefs
Download der Newsletter	Online-Übertragung des Kongresses	Pressebilanz online

Verbindungen der Website zu den anderen Basismaßnahmen sind. Meist integriere ich einen Fokus-Ausschnitt in mein Konzept, wenn ich befürchte, dass die entsprechende Maßnahme unter den Rotstift des Auftraggebers geraten könnte. Das Schaubild dokumentiert, wie vielseitig und wirkungsstark die Maßnahme eingebunden ist.

Die kreative Leitidee einfließen lassen

Bereits in der kreativen Phase habe ich die „Big Idea" für meine Kommunikation gekürt. Allerdings kann die Leitidee nur leiten, wenn sie in der Umsetzung als sinnlich fassbare Codierung in alle Maßnahmen integriert wird. Dazu reicht es nicht aus, die Idee lediglich als Zeichen an jede Maßnahme dranzuhängen. Es muss weit mehr passieren. Man stelle sich vor, dass als Leitmotiv eines Buchverlages das Schlüsselbild („Key Visual") einer Trompete zum Einsatz kommt. Selbstverständlich wird die Trompete im Mittelpunkt der Verlagsanzeige im „Buchmarkt" stehen, sie wird auf den Rückwänden des Messestandes auf der Leipziger Buchmesse zu sehen sein und als Aufkleber auf alle Bücher kommen. Das ist gut und richtig, aber zu wenig. Denn es handelt sich nur um Etikettierungen, die Magie eine Leitidee lässt sich auf diese Weise nicht voll entfalten.

Man muss mit jeder kreativen Leitidee wahrlich kreativ umgehen. Die große Idee ist als Impulsgeber zu sehen, die man innerhalb der Maßnahmenplanung variiert und weiterentwickelt. Am Beispiel des Buchverlages mit seiner Trompete könnte das bedeuten:

› Ein bekannter deutscher Jazztrompeter spielt zur Eröffnung des Messestands eine kurze, aber eindrucksvolle Solo-Performance.

› Im Empfangsbereich des Verlags steht eine gute zwei Meter hohe 3-D-Trompete und wird zum Blickfang für jeden Besucher.

› Im Internet werden zu den Neuvorstellungen auch immer passende Musiktipps gegeben – quasi die Soundtracks zum Buch.

› Ein talentierter Dichter schreibt ein Verlagsgedicht zu Werbezwecken. Im Gedicht wird als zentrales Motiv auf das Sinnbild der Trompete eingegangen.

Ich lasse mich von der kreativen Leitidee inspirieren und pflanze Sie so in die Maßnahmen ein, dass sie voll aufblühen kann. Nicht aufgesetzt, nicht gezwungen, nicht übertrieben – sondern so, das es passt. So bearbeite ich jede Maßnahme mit Inspiration und Intuition. Ich begeistere mich für meine Maßnahmen und diese Begeisterung soll sich meinem Auftraggeber und in der Folge auch den Zielgruppen vermitteln. Die kreative Leitidee ist der Zündfunken für diese Begeisterung.

Die Maßnahmen ausarbeiten

Die Konstellation des Maßnahmensystems steht. Der schwierige Teil der operativen Planung ist damit im Kasten. Nun beginnt der zweite Teil, der vergleichsweise viel Planungszeit erfordert und im Wesentlichen aus Fleißarbeit besteht: Alle Maßnahmen müssen eingehend durchdacht und konkretisiert werden. Für jede Maßnahme ist ein Maßnahmenprofil mit den signifikanten Merkmalen zu erstellen.

Die Maßnahmenplanung wird für meinen Auftraggeber greifbar und augenfällig. Viele der vorgeschlagenen Maßnahmen kennt er aus eigener Anschauung, seine Erfahrungswerte kommen ins Spiel und ein Urteil fällt ihm leichter. Vor diesem Hintergrund habe ich gelernt, jede Maßnahme als attraktives Angebot zu sehen, das ich meinem Auftraggeber gut „verkaufen" muss. Er soll Funktionsweise, Vorteile und Nutzen der Maßnahmen erkennen. Zu diesem Zweck verbinde ich in meinen Maßnahmenprofilen die wesentlichen Fakten (nicht zu viel!) mit der richtigen Menge an emotionalem Anreiz (nicht zu marktschreierisch!). Der Auftraggeber versteht, worum es geht und bekommt gleichzeitig Lust auf die Umsetzung: „Guter Vorschlag! Da freue ich mich jetzt schon drauf!"

Als Konzeptioner bin ich Generalist. Ich weiß von allen Maßnahmenbereichen ein bisschen, habe aber in keinem Bereich den totalen Durchblick. Vor allem, wenn es um hoch spezialisierte Kommunikationsinstrumente geht, bei denen es auf Nuancen ankommt, komme ich als Generalist schnell ins Schwimmen. Aus diesem Grund gibt es an dieser Stelle der Maßnahmenplanung nur eine Konsequenz: Ich hole mir den fachlichen Rat von Spezialisten ein. Ich rede mit einem Facebook-Experten, worauf bei einer Fanpage für den

Buchverlag zu achten wäre. Ich rufe einen Journalisten an, der die Fachzeitschriften der Verlagsbranche einschätzen kann. Ich kontaktiere einen Messebauer, der die Ausstellungssituation auf der Leipziger Buchmesse aus eigener Erfahrung kennt. Bei größeren Konzepten bin ich teilweise mehrere Tage beschäftigt, bis die Maßnahmenprofile auf sicheren Füssen stehen.

Immer mal wieder stellt sich heraus, dass eine im System vorgesehene Maßnahmenidee in der Planung Probleme bereitet. Dann bleibt mir nichts anderes übrig, als die Maßnahme dem Machbaren anzugleichen. Denn eins darf auf keinen Fall passieren: Ich darf keine Maßnahme vorschlagen, die sich einige Monate später in der harten Kommunikationsrealität als Traumtanz entpuppt. Falsche Maßnahmenversprechungen sind ideale Voraussetzungen, um den Auftraggeber zu verärgern und für immer zu verlieren.

Was gehört in die Maßnahmenprofile eines Kommunikationskonzepts? Pauschal gesagt, sollten in etwa folgende planerische Eckpunkte angerissen werden:

› **Ziel und Funktion der Maßnahme** – Welches Ziel hat die Maßnahme? Wie bettet sie sich in die Strategie ein?

› **Zielgruppe der Maßnahme** – Welche Zielgruppensegmente werden von der jeweiligen Maßnahme besonders angesprochen und was ist bei der Ansprache zu beachten?

› **Beschreibung der Maßnahme** – Was sind die wesentlichen konstruktiven Kennzeichen der Maßnahme?

› **Integration und Verbindungen** – Wie bettet sich die Maßnahme ins System ein, welche essentiellen Querverbindungen zu anderen Maßnahmen bestehen?

› **Kreative Ideen und besondere Akzente** – Was macht die Maßnahme zu etwas Besonderem, was hebt sie heraus?

› **Wichtige technische Parameter** – Zeit, Ort, Format, Farbe, Auflagen, Kostenansätze und so weiter. Welche technischen Daten sind maßgeblich?

Wenn mein Auftraggeber während der Präsentation des Konzepts in die Strategie eingreift und zum Beispiel ausführt, dass er mit meinen Botschaften überhaupt nicht einverstanden ist, dann komme ich in große Schwierigkeiten. Weil die Strategie die tragenden Teile des kommunikativen Gebäudes beschreibt und weil alles mit allem zusammenhängt, gerät sofort das gesamte Konzept ins Rutschen, sobald mein Auftraggeber ein tragendes strategisches

Teil in Frage stellt. Anders ist es bei Eingriffen im operativen Bereich. Kann sich mein Auftraggeber für eine meiner Maßnahmen nicht erwärmen und zieht sie aus dem Kommunikationsgebäude heraus, so hält sich der Schaden in Grenzen. Maßnahmen lassen sich austauschen. Ich persönlich sehe es sogar als gutes Zeichen, wenn der Auftraggeber eigene Impulse in die Maßnahmenplanung einbringt. Er setzt sich mit meinem Konzept ernsthaft auseinander und nimmt es für sich an. Was Besseres kann mir gar nicht passieren.

Der Nano-Fall. Operative Planung

Die internen Maßnahmen
Die interne Kommunikation startet im Jahr 2011 bereits einige Wochen vor der externen Ansprache:

› **Nano im Intranet** – Im TU-Intranet wird ein spezieller Nano-Bereich aufgebaut, der einerseits alle Nano-Akteure koordiniert, aber zugleich auch alle anderen internen Zielgruppen der TU enger mit dem Thema Nano verbindet.
› **Nano-Rundbrief** – Alle 2 Monate wird eine interne Infomail über einen speziellen Verteiler verschickt, der speziell die Nano-Akteure auf den aktuellen Stand bringt.
› **Nano-Teamtreff** – Um das Nano-Team fit zu machen, kommen alle Akteure Anfang 2011 zu einem 1-tägigen Workshop zusammen und stimmen sich ab. Bei Bedarf könnten 2011 weitere interne Workshops angesetzt werden.
› **Nano-Koordinator** – Unter den Nano-Akteuren der TU findet sich eine kompetente Persönlichkeit, die als Anlaufstelle und Ansprechpartner für das gesamte Nano-Team fungiert. Eine enge Zusammenarbeit mit der TU-Pressestelle ist selbstverständlich.
› **Studentische Hilfskraft** – Um den stark steigenden Kommunikationsaufwand zu bewältigen, sollte eine studentische Hilfskraft eingestellt werden. Die Hilfskraft übernimmt die zahlreichen Routineaufgaben der Nano-Kommunikation.

Die externen Maßnahmen
Die externe Kommunikation strebt eine enge Partnerschaft mit den starken Netzwerken der Technologiestiftung Berlin und der Zukunftsagentur Brandenburg an:

› **nanoTUweb** – Die Nano-Akteure installieren ein Internetportal zum Thema Nano unter dem Dach der TU Berlin. Das Portal wendet sich vorrangig an klein- und mittelständische Unternehmen. Es beinhaltet aber auch einen Bereich für Pressevertreter und für die interessierte Öffentlichkeit. Das Portal wird mit den Websites der Technologiestiftung Berlin (TSB) und der Zukunftsagentur Brandenburg (ZAB) verzahnt.

› **nanoTUpraxis** – Die Fakultät II gibt einen „Nano-Atlas" heraus, der alle relevanten Nano-Themen der TU zugeschnitten auf die Interessen der KMUs darstellt. Die praktische Anwendung der spezifischen TU-Innovationen steht im Vordergrund. „nanoTUpraxis" wird als Broschüre gedruckt und über die Netzwerke von Technologiestiftung Berlin und Zukunftsagentur Brandenburg direkt an interessierte KMUs verteilt.

› **nanoTUwork** – Als Highlight lädt die Fakultät II zukünftig 2 x im Jahr interessierte Klein- und Mittelständler zu einem Praxisforum ein, der an konkreten Beispielen zeigt, wie Unternehmen von den Nano-Innovationen der TU profitieren können. Als Partner für die Events sollen TSB und ZAB gewonnen werden, die vor allem auch die intensive Vorabwerbung und die Einladung interessierter KMUs unterstützen.

› **nanoTUnight** – Im Rahmen der Langen Nacht der Wissenschaft 2011 spricht die Fakultät II mit anschaulichen Nano-Demonstrationen interessierte Bürgerinnen und Bürger an. Ein wichtiges Thema ist in diesem Zusammenhang die Nano-Sicherheit. Die TU Pressestelle bereitet die Präsentation für die Publikumsmedien in Berlin und Brandenburg auf.

Die Maßnahmen zeitlich einordnen

„Wann soll das denn bloß alles passieren?" – Die Frage nach dem Timing der Maßnahmen, ist eine der ersten, die mein Auftraggeber im Anschluss an die Konzeptpräsentation stellt. Er will wissen, wann da was auf ihn zukommt. Er will einschätzen können, ob das alles zu schaffen ist oder ob es die Beteiligten einfach überrollen würde. Ihn interessieren noch keine terminlichen Details, er will sich ein Bild von den großen zeitlichen Zusammenhängen machen.

Für mich ist die Zeitplanung weit mehr als eine Pflichtübung. Die richtige Dramaturgie, der richtige Spannungsbogen und die Wahl der richtigen Zeitpunkte haben großen Einfluss auf die Durchsetzungskraft der Kommunikation, das wird oft unterschätzt.

Ganz am Schluss meiner Konzepte steht ein übersichtliches Schaubild zur Zeitplanung. Auf der Waagerechten bilde ich die Zeitachse ab. In der Regel

2011	Jan	Feb	Mär	Apr	Mai	Jun	Jul	Aug	Sep	Okt	Nov	Dez
1. Kunden												
Maßnahme 1.1			▓					▓				
Maßnahme 1.2			▓									
Maßnahme 1.3			▓	▓	▓	▓	▓	▓	▓	▓	▓	
2. Mittler												
Maßnahme 2.1				▓				▓				
Maßnahme 2.2		▓	▓	▓	▓							
Maßnahme 2.3							▓	▓	▓			
3. Mitarbeiter												
Maßnahme 3.1	▓	▓	▓	▓	▓	▓	▓	▓	▓	▓	▓	▓
Maßnahme 3.2	▓	▓	▓									

teile ich sie in Monate ein. Ein feineres Zeitraster ist in Konzepten selten notwendig. In der Senkrechten liste ich die Maßnahmen in der vorgegebenen Struktur auf. Die Zeitbalken im Bild visualisieren die Laufzeiten der einzelnen Maßnahmen. Es kommt mir auf ein übersichtliches Ablaufbild und nicht auf eine detaillierte Zeitplanung an. Für die Planung von präzisen Terminen und Perioden ist es zu früh. Details sind auch nicht Aufgabe des Konzepts, es sei denn, der Auftraggeber besteht auf einer terminlichen Präzisionsarbeit. Wenn es besonders einfach und übersichtlich werden soll, dann löse ich meine Zeitschaubilder noch gröber auf.

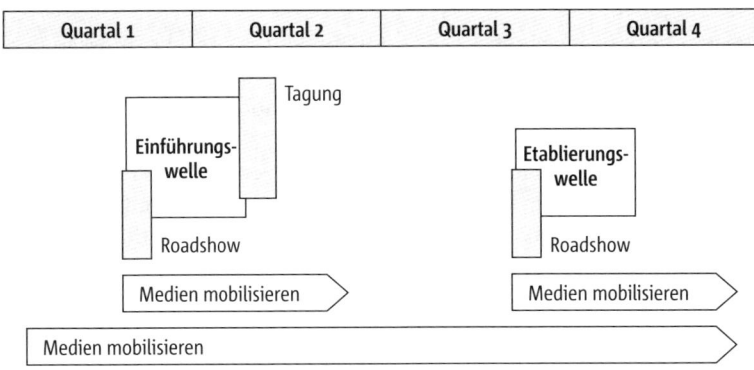

Die Unterteilung erfolgt lediglich in vier Quartale. Das Zeitschaubild erfasst nicht einmal alle Maßnahmen, sondern konzentriert sich auf die wesentlichen Zusammenhänge. Die Beteiligten werfen einen kurzen Blick darauf und schon haben sie die Dramaturgie der Kommunikation erfasst.

Abgeleitet von Aufgabenstellung, Strategie und Maßnahmenplanung wird in der Zeitplanung eine Reihe von Parametern definiert:

> **Dauer der Kommunikation definieren** – Wie lang ist der Planungszeitraum des Kommunikationskonzeptes?

> **Start- und Schlusszeitpunkt festlegen** – Wann beginnen die Kommunikationsaktivitäten und wann enden sie?

> **Interne und externe Meilensteine** – Welche Ereignisse in der eigenen Organisation (z. B. Bilanzpressekonferenz oder Eröffnung der neuen Hauptverwaltung) und im Umfeld (z. B. Fußballweltmeisterschaft, Bundestagswahl, Sommerferien) beeinflussen die Kommunikationsaktivitäten?

> **Höhepunkte und Wellen einplanen** – Wann finden die Highlight-Maßnahmen statt? Wann werden Maßnahmen zu Wellen zusammengefasst, um einen hohen Kommunikationsdruck zu erzeugen?

> **Pausen vorsehen** – Es kann durchaus Sinn machen, aus dramaturgischen Gründen an bestimmten Stellen Kommunikationspausen einzuplanen. Hinterher ist die Aufmerksamkeit meist umso größer. Wo liegen diese Pausen?

> **Zeit in Phasen einteilen** – Falls die Maßnahmenstruktur in mehrere Zeitphasen unterteilt wurde, dann bilden diese Phasen auch eine feste Orientierungsgröße für die Zeitplanung. Welche Phasen sind wann und wie lange eingeplant?

> **Internen Vorlauf beachten** – Die Maßnahmen des Konzepts müssen in der jeweiligen Organisation verabschiedet, geplant, vorbereitet und durchgeführt werden. Das dauert seine Zeit. Wie viel Vorlauf brauchen die Beteiligten?

Durch die Parameter darf es nicht zu Dissonanzen zwischen Maßnahmensystem und Zeitplanung kommen. Die Zeitplanung hat die Aufgabe, das aus der Strategie entwickelte Maßnahmensystem 1:1 in einen zeitlichen Fluss zu transformieren.

Außerdem wäre es ein großer Fehler, die Maßnahmen einfach nur gleichmäßig entlang des gesamten Zeitstrahls zu verteilen. Eine gute Zeitplanung ist wie eine orchestrale Komposition, mit Rhythmus, Pausen und Akzenten, mit Stimmungs- und Tempi-Wechsel, mit lauten und leisen Passagen. Es braucht viel Gefühl für das richtige Timing. Damit die Zielgruppen aufmerken, wechseln sich Zeiten mit hohem Kommunikationsdruck mit ruhigen Passagen ab. Der Start der Kommunikation sollte einen deutlichen „Paukenschlag" setzen, um schnell ins Gespräch zu kommen. Jedoch darf man sein Pulver auch nicht zu früh verschießen. Viele Kommunikationskampagnen bündeln alle Kräfte für einen grandiosen Anfang, um danach schnell abzuschlaffen oder sogar durchzuhängen. Die Kommunikation ist so zu konzipieren, dass sie den Spannungsbogen halten kann, auch im letzten Drittel sollten noch aufregende Sachen passieren.

Die Dramaturgie der Maßnahmen braucht zwar viel Abwechslung und Dynamik, dennoch war alles für die Katz, wenn die Beteiligten die Zeitplanung sehen und aufstöhnen: „Wie sollen wir das alles in den Griff bekommen!" Eine Zeitplanung muss immer einen sicheren Blick für das Machbare beweisen. Wobei nicht das im Idealfall Machbare die Messlatte bildet, sondern die tatsächlichen Möglichkeiten der Beteiligten.

Der Nano-Fall. Zeitplanung

Die Aktivitäten starten Anfang 2011 und bleiben das ganze Jahr über im Einsatz. Die beiden Nano-Workshops stellen die Höhepunkte dar:

2011	Jan	Feb	Mär	Apr	Mai	Jun	Jul	Aug	Sep	Okt	Nov	Dez
Intern												
Nano im Intranet	▨	▨	▨	▨	▨	▨	▨	▨	▨	▨	▨	▨
Nano-Rundbrief	▨		▨		▨		▨		▨		▨	
Nano-Teamtreff	▨											
Nano-Koordinator		▨	▨	▨	▨	▨	▨	▨	▨	▨	▨	▨
Hilfskraft			▨	▨	▨	▨	▨	▨	▨	▨	▨	▨
Extern												
nano*TU*web			▨	▨	▨	▨	▨	▨	▨			
nano*TU*praxis			▨	▨	▨	▨	▨	▨	▨	▨	▨	▨
nano*TU*work				▨	▨			▨	▨			
nano*TU*night					▨							

Die Maßnahmen mit Etatansätzen verbinden

„Und was kostet das alles?" – Neben der Zeitfrage wird im Anschluss an die Konzeptpräsentationen auch gern nach den Kosten gefragt. Präsentiert man als Antwort gleich konkrete Zahlen, dann löst das auf der Stelle erregte Kostendiskussionen aus, deren massive Präsenz die eigentlichen Inhalte des Konzepts in den Hintergrund drängt. Die einseitige Gewichtung der Diskussion auf die Kosten kann sogar dazu führen, dass an sich gute Konzepte Schlagseite bekommen und untergehen. Aus diesem Grund versuche ich mit aller Kraft zu verhindern, dass im Anschluss an die Präsentation gleich über das Budget geredet wird. Zuerst kommen die Inhalte.

Eine genaue Kostenplanung ist, rein methodisch gesehen, auch gar kein Bestandteil eines Kommunikationskonzepts. Eine Konzeption versteht sich als kommunikationspolitischer Planungsprozess, in dem keine operativen Details festgelegt werden und folglich eine genaue Kalkulation nicht möglich ist. Zudem wird ein fertiges Konzept nur in Ausnahmefällen unverändert übernommen. Im Normalfall drehen die Beteiligten noch einmal an einer Reihe von Stellschrauben, so dass eine frühe Detailkalkulation nur als Makulatur endet. Eine verdammt zeitaufwändige Makulatur! Denn in lauter Einzelpositionen aufgedröselte – und damit transparente – Kostenkalkulationen sind nicht selten umfangreicher als das eigentliche Konzept und machen eine Heidenarbeit.

Geld spielt also erst mal keine Rolle? Das nun auch wieder nicht. Zu einem brauchbaren Kommunikationskonzept gehört auf jeden Fall eine Budgetaufstellung. Ich lege für jede Maßnahme oder jeden Maßnahmenblock konkrete Etatansätze fest, damit die Beteiligten die finanziellen Dimensionen einschätzen können. Bei dieser Budgetübersicht geht es nicht ins Detail. Für jede Maßnahme gibt es nur eine Zahl, und das ist eine runde Summe und die definiert eine Größenordnung. Meine Budgetaufstellungen legen großen Wert auf Übersichtlichkeit und passen bei mir immer auf eine einzige Seite.

Damit die Etatansätze nicht aus der Luft gegriffen sind, gehe ich auch bei der Budgetaufstellung mit Sorgfalt an die Arbeit. Ich verlasse mich nicht allein auf meine Erfahrungswerte und peile nicht über den Daumen. Ich, der Generalist, nehme wiederum Kontakt mit den Spezialisten auf, beschreibe, was ich vorhabe und frage nach, welche Etatdimensionen wohl realistisch wären. Ich lasse den Eventexperten die Veranstaltungen schätzen, den Web 2.0-Experten die Fanseite auf Facebook und so weiter. Bei meinen Highlights, also den Schlüsselmaßnahmen meines Konzepts, hole ich sogar zwei unabhängige Budgetschätzungen ein, bevor ich Größenordnungen aufs Papier bringe.

Auf der nächsten Seite sieht man einen typischen Budgetplan aus meinen Konzepten. Die Maßnahmen wurden inhaltlich bereits weiter vorne im Konzept beschrieben, darum werden sie an dieser Stelle nur mit einem kurzen Stichwort erfasst. Für jede Maßnahme gibt es einen Zahlenwert, für jeden Maßnahmenbereich eine Zwischensumme und ganz unten steht die Gesamtsumme. Die Zahlen stellen überschlägige Budgetgrößen dar und sollen Orientierung geben.

Oft wird mir vom Auftraggeber schon im Rahmen des Briefings eine bestimmte Etatgröße mit auf den konzeptionellen Weg gegeben. Da Etatvor-

Pos.	Maßnahme	Etatansatz
1.	**Zielgruppe Kunden**	
1.1	Anzeigen in Fachmedien	80.000 €
1.2	Stand auf der Messe	25.000 €
1.3	Mailing an Stammkunden	12.000 €
1.4	Neue Produktbroschüre	45.000 €
	Zwischensumme	162.000 €
2.	**Zielgruppe Mittler**	
2.1	Pressekonferenz zur Messe	7.000 €
2.2	Redaktionsbesuche Fachpresse	12.000 €
2.3	VIP-Lounge im Fußballstadion	45.000 €
	Zwischensumme	64.000 €
3.	**Zielgruppe Mitarbeiter**	
3.1	Kick off in der Kantine	5.000 €
3.2	Aktionsstand auf Mitarbeiterfest	2.000 €
	Zwischensumme	7.000 €
4.	**Sonstiges**	
4.1	Erfolgskontrolle	9.000 €
4.2	Interne Handlungskosten	12.000 €
4.3	Reserve	11.000 €
	Zwischensumme	32.000 €
1. – 4.	**Gesamt**	**265.000 €**

gaben üblicherweise knapp bemessen sind, habe ich große Probleme, mit dem Geld auszukommen. Um ehrlich zu sein, liegen meine Maßnahmensysteme häufig über den Vorgaben. Ich habe es mir zur Regel gemacht, das Maßnahmensystem nicht bis aufs nackte Gerippe abzumagern, bloß um auf die genannte Etatsumme zu kommen. Ich gehe einen anderen Weg. Einige meiner Konzepte unterscheiden in der Budgetierung zwischen Basismaßnahmen, die Grundbestandteile des Maßnahmensystems und damit Pflicht sind, sowie Zusatzmaßnahmen, die dem System mehr Kraft und Stabilität geben würden, aber als Kür zu sehen sind und damit, wenn es denn sein muss, eingespart werden können. Die Zusatzmaßnahmen splitte ich oft in mehrere „Komfortpakete" auf – zum Beispiel das Paket für die Kunden-, die Multiplikatoren- und die Mitarbeiteransprache. Der Auftraggeber kann gezielt auswählen.

Eine andere Variante, die mir bei knappen Etats mehr Spielraum verschafft, ist das Budgetszenario. Für jede Maßnahme bringe ich nicht eine, sondern zwei Zahlen aufs Papier. Die erste Zahl definiert den Minimalwert – so viel müsste man mindestens aufwenden. Die zweite Zahl stellt den Optimalwert dar – da ist wirklich alles drin, um die Maßnahme rund zu machen. Die Summe der Minimalzahlen bleibt unter dem vorgegebenen Budget, die Summe der Optimalwerte liegt deutlich darüber. Auch hier hat der Auftraggeber die Wahl.

Und noch ein Tipp für knappe Etatdecken. Ich versuche mit der Etatplanung, andere Töpfe zu öffnen. Das können interne Töpfe sein, indem ich eine Maßnahme so drehe, dass Teile statt in den Kommunikationsetat z. B. in den Vertriebsetat fallen. Oder ich plane externe Töpfe ein, indem ich in bestimmte Kommunikationsmaßnahmen externe Partner einbeziehe. Solche Etat-Jonglagen müssen eine reale Grundlage haben und dürfen sich nicht aus reinem Wunschdenken speisen.

An dieser Stelle ist es Zeit für ein Geständnis. Wenn ein Auftraggeber von mir tatsächlich eine ausführliche Detailkalkulation des Etats fordern würde, dann müsste ich passen. Dazu fehlen mir einfach Fachwissen und Erfahrung. Kalkulationen für ganzheitliche Kommunikationskonzepte sind so kompliziert, das dazu Spezialisten benötigt werden, die ihre Materie wirklich im Griff haben. Okay, ich sehe schon vor meinem inneren Auge, wie einige Leser den Kopf schütteln. Was nützt ihnen mein Geständnis, ihre Realität sieht anders aus. Sie sind gezwungen, weil es Chef oder Kunde so wollen, zu ihrem Konzept gleich eine ausführliche Kalkulation mitzuliefern. Allen, die in dieser Verlegenheit sind, gebe ich ein paar Tipps mit auf den Rechenweg:

› Führt an einer Detailkalkulation kein Weg vorbei, dann hole ich mir Unterstützung, jemanden der die Kalkulation wirklich im Griff hat. Falls es direkt im Unternehmen oder der Agentur keinen Spezialisten gibt, schaue ich mich nach einen freiberuflichen Produktioner oder Projektplaner um, der gegen Honorar seine Kalkulationserfahrung einbringt.

› Eine Detailkalkulation erfüllt nur dann ihren Zweck, wenn sie Transparenz herstellt. Aus diesem Grund haben alle Etatzahlen in der Kalkulation konkrete Zeit- oder Mengenangaben als Vergleichsgrößen. Außerdem teile ich alle Maßnahmen in ihre Kostenbestandteile auf und belege jede Komponenten mit einem konkreten Euro-Wert. Dabei unterscheide ich konsequent zwischen Eigen- und Fremdkosten.

› Fremdkosten berechne ich niemals Pi mal Daumen. Für alle Fremdleistungen müssen Angebote eingeholt werden. Bei größeren Summen sind 2 – 3 Vergleichsangebote ratsam.

› Bei allen internen Leistungen spreche ich vorher mit denjenigen, die später die Maßnahmen umsetzen und lasse sie ihren Aufwand schätzen.

› Ich plane bei jedem Budgetposten ein finanzielles Sicherheitspolster ein. In der Kommunikation kommt nie alles so, wie man es vorher geplant hat. Weil mit Überraschungen fest zu rechnen ist, habe ich die bereits eingerechnet.

› Alles in allem bleibe ich mit meiner Gesamtsumme einige Prozent über dem vorgegebenen Etat (Ausnahme: öffentlich rechtliche Aufträge). Es ist ähnlich wie bei einem Autokauf, wo niemand nur die Grundausstattung kauft. Der Auftraggeber ist am Ende bereit, für tolle Kommunikationsmaßnahmen, in die er sich verliebt, doch noch den einen oder anderen Euro mehr auszugeben.

Den Erfolg der Maßnahmen kontrollieren

Wie bei Zeit und Kosten, so gilt auch für die Erfolgskontrolle: Es geht nicht um die ausgefeilte Detailplanung der Erfolgskontrolle. Das Konzept setzt vielmehr ein Zeichen für die Erfolgskontrolle und reißt die grobe Richtung der Kontrollen an. Die konkreten Planungsschritte erfolgen erst, wenn das Konzept verabschiedet wurde und damit klar ist, was zu welchem Zeitpunkt wie gemacht werden soll.

Man muss ein Zeichen für die Erfolgskontrolle setzen? Das meine ich im Ernst, denn viele meiner Auftraggeber pflegen die Bedeutung der Erfolgskontrolle zu unterschätzen. Das entsprechende Kapitel im Kommunikationskonzept findet wenig Beachtung und nicht selten werden die Etatmittel für die Erfolgskontrolle auf ein Minimum zusammengestrichen, weil man das Geld lieber in zusätzliche Maßnahmen stecken will.

Das frustriert mich jedes Mal, denn das vielseitige Räderwerk der Kommunikationskonzeption ist auf eine intensive Kontrolle angewiesen. Erfolgskontrolle im Zeitalter der ganzheitlichen Kommunikation ist ein differenziertes Mess- und Überwachungssystem, das während aller Kommunikationsphasen alle Ebenen des Konzepts im Auge behält und im Ernstfall sofort Rückmeldung gibt, um eine schnelle Nachsteuerung und Optimierung der Kommunikationsprozesse zu ermöglichen.

Die Erfolgskontrolle setzt ihre Sensoren auf jeder Ebene der Konzeption an. Kein konzeptioneller Schritt bleibt ohne Feedback. Bei der Kontrolle auf der analytischen Ebene überprüft man seine Briefing- und Recherchewege und holt sich permanent neue Informationen aus interessanten Datenquellen. Das Bild der Ist-Situation muss weiter verbessert und immer auf der Höhe der Zeit gehalten werden. Ständig erscheinen Statistiken, Studien, Umfragen und Doktorarbeiten zum jeweiligen Konzeptthema. Es liegt immens viel Wissen draußen in der Informationsgesellschaft bereit, man muss es sich nur erschließen.

Durch entsprechende Kontrollen auf der strategischen Ebene ist zu prüfen, ob tatsächlich die Zielgruppen angesprochen werden, die eingeplant waren. Wurden die avisierten Ziele erreicht? Ist man auf dem richtigen Weg, um die Positionierung durchzusetzen? Haben die Leute die Botschaften gelernt? Umfragen, Feldbeobachtungen und Gespräche helfen die nötigen Daten zu sammeln.

Auch bei den Kontrollen auf der kreativen und operativen Ebene ist eine ganze Reihe von Fragen zu beantworten. Hat die kreative Leitidee gezündet? Wie ist jede einzelne Maßnahme gelaufen? Welche Erfolge und welche Probleme gab es? Wie realistisch war die Zeitplanung? Hat der Etat ausgereicht? Auf allen Ebenen der Konzeption werden in jeder Phase die Sensoren angelegt und Zahlen und erste Erfahrungswerte gesammelt.

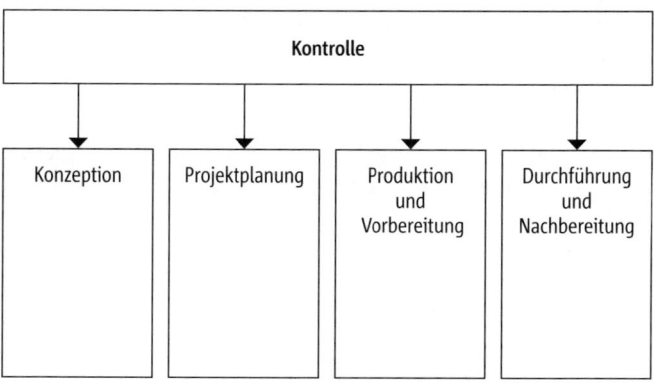

In der anschließenden Planungsphase übernimmt das Projektteam das Konzept und setzt es in konkrete Projektpläne um. Das Team gibt sofort Rückmeldung, wenn sich aufgrund der Planungsresultate Änderungen und Abweichungen ergeben. Beispielsweise stellt sich heraus, dass der vorgesehene Ort für den Event nicht mehr zur Verfügung steht oder die Anzeigenkampagne um einige Wochen nach hinten verschoben wird. Sofern die Änderungen konzeptionsrelevant sind, steuert der Konzeptioner nach und stellt sicher, dass das Konzept nicht aus dem Gleichgewicht gerät. Als Anwalt des Konzepts ist er dafür verantwortlich, dass der konzeptionelle Kurs gehalten und nicht den wechselnden Winden der Projektplanung geopfert wird.

In der Produktions-/Vorbereitungsphase entstehen die Layouts der Anzeigen, der Imagefilm wird gedreht, die Akteure für den Event werden gebucht. Jetzt nimmt die Kommunikation Gestalt an. Auch in dieser Zeit ist es wichtig, dass bei auftauchenden Problemen sofort Rückmeldungen an den Konzeptioner gehen, damit das Konzept nicht unter die Räder gerät. Der Konzeptioner kontrolliert und gibt entsprechende Empfehlungen. Kurz vor dem Start der Kommunikation kommt es darauf an, drohende Flops zu erkennen und noch rechtzeitig umzusteuern.

In der Durchführungs- und Nachbereitungsphase ist die Kommunikation gestartet und läuft. Jetzt sollte der Konzeptioner den grünen Planungstisch verlassen und seine Kommunikation in Aktion erleben. Er kauft sich die Zeitung, in der die Anzeige steht. Er ist beim Event als Zaungast dabei. Er stellt sich mit dem Promotionsteam einen halben Tag auf die Straße und verteilt Handzettel. Eine bessere Erfolgskontrolle als das Eintauchen in die Kommunikationswirklichkeit gibt es nicht. Speziell in den ersten Durchführungswochen ist eine systematische Kontrolle ratsam. Da dieses Buch sich eher um Alltagskonzepte für Unternehmen und Institutionen kümmert, will ich auch nichts von groß angelegten Marktforschungsanalysen mit Branding-Checks und Polaritätsprofilmessungen erzählen. Ich bleibe im kleinen Werkzeugkasten für den Mittelstand. Welche Arten von Erfolgskontrolle mit vergleichsweise moderatem Aufwand bieten sich für die verschiedenen Phasen der Kommunikation an? Viele bewährte Kontrollinstrumente lassen sich auch bei kleinen Etats einsetzen, da sie keinen großen Aufwand erfordern – zum Beispiel:

› **Online-Kontrollen** – Man analysiert den Traffic der eigenen Website. Das bedeutet mehr als nur „Visits" oder „Klicks" zählen. Woher kommen die Besucher, wie lange bleiben sie, welche Dokumente laden sie herunter? Außerdem sollte man die Resonanz auf externen Seiten im Auge behalten. Welche Berichte und Kommentare stehen in Blogs? Wie laufen die Diskussionen in den einschlägigen Foren? Gibt es eine Resonanz bei Twitter?

› **Medienresonanzanalysen** – Was steht zum Unternehmen oder zum Kommunikationsobjekt in den Medien? Neben der quantitativen wird auch eine qualitative Auswertung vorgenommen. Spiegelt sich die neue Positionierung in der Berichterstattung wieder? Wie stark sind die Medien auf die Botschaften eingegangen? Welche Zielgruppen wurden über die Medien erreicht?

› **Runde-Tisch-Gespräche** – Man lädt ausgewählte Vertreter der Zielgruppe zum Gespräch. Die Gesprächsteilnehmer schildern ihre Eindrücke und äußern ihre Meinung. Wie ist der Slogan angekommen? Wie gut sind sie von der neuen Hotline betreut worden? Warum sind sie Mitglied im Kundenclub geworden und welche Clubangebote nutzen sie?

> **Mitarbeiter-Berichte** – Man aktiviert die eigenen Mitarbeiter, die Zielgruppenkontakt haben. Der Vertrieb spricht Kunden auf die Kommunikation an. Das Callcenter stellt zum Abschluss jedes Gesprächs eine Kontrollfrage zur laufenden Kommunikation. Der Vorstand berichtet, wie sich VIP-Kontakte geäußert haben.

> **Maßnahmenauswertungen** – Es werden Praktikanten und Azubis beauftragt, einfache, aber aufschlussreiche Auswertungen vorzunehmen. Wie viele Leute haben am Gewinnspiel teilgenommen? Wie hoch war die Teilnehmerzahl beim Event? Welche Prospektmenge hat der Promotionstand pro Tag verteilt? Welche Ortsvorwahlen hatten die Anrufer des Infotelefons?

> **Eigene Befragungen** – Man stellt einen kleinen Fragebogen zusammen und macht standardisierte Interviews bei passenden Gelegenheiten – auf einem Event, im Kundenzentrum oder bei der Jahresversammlung des eigenen Vereins.

> **Konkurrenzbeobachtungen** – Man überprüft, wie sich die Kommunikation der Mitbewerber entwickelt. Was ändert sich auf der Website? Was berichten Kunden über die Konkurrenz? Was steht über die Wettbewerber in den Medien?

In den heißen Phasen der Kommunikation – z. B. rund um den Kommunikationsauftakt oder im zeitlichen Umfeld der Highlights – wird in relativ kurzen Zyklen die Resonanz gemessen und bewertet, bei brisanten Kommunikationsthemen kann die Auswertung sogar täglich erfolgen. Ansonsten reicht eine Auswertung pro Woche oder pro Monat aus. Die Kontrollauswertung sollte schriftlich erfolgen und regelmäßig auf der Tagesordnung der verantwortlichen Gremien stehen. Zum Abschluss wird im Rahmen einer Dokumentation eine Gesamtbewertung zusammengestellt.

In der Praxis begegnet mir zuweilen eine Erfolgskontrolle, die besser Erfolgsbestätigung heißen sollte. Denn sie ist als Schönwetter-Statistik angelegt und bilanziert in jedem Fall einen Erfolg. In Wirklichkeit geht es darum, das Ansehen der Abteilung und die Karriere der Beteiligten zu sichern, für die Optimierung der Kommunikation sind die geschönten Ergebnisse unbrauchbar. Das Kommunikationskonzept muss auf eine ehrliche, authentische Kontrolle abzielen. Eine Kontrolle, die bereit ist, die Wahrheit zu sagen und die Finger auf die Wunden zu legen. Eine solche Erfolgskontrolle ist jeden Cent wert, den man in sie investiert, denn sie erhöht den Wirkungsgrad und bringt die Kommunikation Schritt für Schritt nach vorn.

Der Nano-Fall. Erfolgskontrolle

Die Erfolgskontrolle für die Nano-Kommunikation führt die Fakultät II ausschließlich mit „Bordmitteln" durch. Für das Jahr 2011 sind geplant:

Interne Evaluierung
› Auswertung der Zugriffsstatistiken des Nano-Bereichs im Intranet.
› Analyse-Interview mit den internen Nano-Akteuren am Rande des Nano-Teamtreffs.
› Akteure sind aufgefordert, jederzeit Feedback an den Nano-Koordinator zu geben.

Externe Evaluierung
› 2 x im Jahr Kontrollgespräche mit den Partnern ZAB und TSB.
› Traffic-Kontrolle des neuen Nano-Portals nanoTUweb.
› Fragebogen für alle Teilnehmer der Nano-Events nanoTUwork.
› Analyse der Medienresonanz in den regionalen Fach- und Publikumsmedien.
› Gespräche mit KMU-Kontakten, die eine Nano-Kooperation mit der TU eingegangen sind.

Überblick. Die operative Planung

1. **Maßnahmen strukturieren** – Ausgerichtet an den strategischen Erfordernissen erstellen Sie ein einfaches, praktikables Strukturraster, um darin anschließend die Maßnahmen einzuordnen.

2. **Stamminstrumente integrieren** – Sie untersuchen, ob sich die bereits vorhandenen Stammmaßnahmen in die neue konzeptionelle Linie einfügen. Die Maßnahmen werden entweder unverändert übernommen, der Linie besser angepasst oder aus dem Rennen genommen.

3. **Neue Maßnahmen finden** – In einem freien Brainstorming denken Sie über neue Maßnahmen nach. Dabei planen sie kreativ, beziehen das gesamte Kommunikationsspektrum ein und gehen im konkreten Einzelfall sogar darüber hinaus.

4. **Maßnahmen prüfen** – Anhand der Strategietafel überprüfen Sie die neuen Maßnahmen auf ihre strategische und operative Eignung hin. Nur volltaugliche Maßnahmen dürfen zum Einsatz kommen.

5. **Maßnahmen vernetzen** – Sie bestimmen Ihre Highlights, ergänzen die Basismaßnahmen und ziehen dann die maßgeblichen Verbindungslinien. Ein synergetisches Maßnahmennetz entsteht.

6. **Kreative Leitidee einfließen lassen** – Bei jeder Maßnahme überlegen Sie, wie Sie die kreative Leitidee einpflanzen können, damit die Maßnahme voll aufblüht und die Aufmerksamkeit der Zielgruppen gewinnt.

7. **Maßnahmen ausarbeiten** – Jede Maßnahme muss weiter ausgefeilt werden. Es entstehen schlüssige und kompakte Maßnahmenprofile, die Ziele, Funktionen und Verbindungen eindeutig bestimmen.

8. **Timing entwickeln** – Sie bringen alle Maßnahmen in einen zeitlichen Zusammenhang. Dabei achten Sie darauf, dass die Kommunikation einen straffen dramaturgischen Spannungsbogen bekommt.

9. **Etatansätze fixieren** – Die gesamte Maßnahmenplanung wird mit einem übersichtlichen Budgetplan unterlegt. Es geht nicht um Kostendetails. Vielmehr sollen die finanziellen Proportionen der Kommunikation transparent werden.

10. **Evaluierung integrieren** – Im letzten Schritt der Umsetzungsplanung legen Sie fest, welche Instrumente und Wege der Erfolgskontrolle zum Einsatz kommen sollen.

05

versteht wäre denen Manöverkritik Kommunikationskonzept Seite Angebot Zuhörern
anschließend gelaufen
ab Probepräsentation Vortragende
hören Zeit Debriefing schon liegen
Außerdem Maßnahmen bleiben Mal
Ausarbeitung konzeptionelle Inhalte
Zuerst möglich konzeptionellen Folie Seiten
wichtig mündlichen
Ergebnisse fällt Konzept Leitidee
Vortrag kommt steht Booklet gut kleinen
Entscheider Konzepts mal heraus
notwendig präsentieren legen
vorher Meilensteine Teilnehmer weiß bereits
vortragen strategische Konzepte Minuten
wesentlich kurze Ende
klar gibt Beteiligten Maßnahme
Fehler Powerpoint
Unternehmen selten Diskussion Deshalb Berichte
Konzeptpräsentation Vorgehensweise
Debriefings dadurch
Präsentation Wer kurz
Kreation anschließenden Notebook müssen
Fragen Umsetzung
empfiehlt
halten präsentiert darauf geht gesamte vielen
Booklets strategischen Präsentationen Jahren nie
Tisch verhindern Aufmerksamkeit ersten passieren
dabei Fakten immer seit Analyse liegt
große präsentiere
innerhalb schriftliche mehr Fall Kurs
Gebrauchsanweisung einfache
Blick entwickeln oft hinterher wenige denke
geben Text Zuhörer großen
Form neuen kennen Grund
erkennbar darf Auftraggeber
lassen
vorstelle erst Bilder ganz Konzeptioner
kommen Folien stehen Resultate
Strategie Wert Linie bekommen Vortrags verstärken

Phase 05.
Die Realisierung des Konzepts

Das Konzept wird präsentiert

Mein Kommunikationskonzept habe ich mir hart erarbeitet. Es hat eine reelle Chance verdient – deshalb präsentiere ich es. Die Präsentation ist ein wichtiges Sprungbrett für jedes Konzept. Es wäre ein fataler Fehler, das Präsentieren zu scheuen und das Konzeptpapier lediglich kommentarlos in die Gremien zu geben. Papier ist bekanntlich geduldig. Jeder liest für sich etwas anderes heraus und kommt zu einem anderen Ergebnis. Eine Führung ist nicht möglich. Außerdem gibt es in jedem Unternehmen die unvermeidlichen Bedenkenträger. Sie sind die natürlichen Feinde der Konzeptionsmachenden. Bekommen Bedenkenträger das schriftliche Konzept in die Hand, dann haben sie genügend Zeit, um argumentative Munition zu sammeln und das Konzept bei nächster Gelegenheit gründlich zu zerschießen. Bei mir halbiert sich die Wahrscheinlichkeit, dass mein Konzept durch die Gremien kommt, sobald ich es nicht präsentieren kann. Zugegeben, auch bei einer persönlichen Präsentation wird mein Konzept selten 1:1 angenommen. Aber die Anmerkungen und Änderungen fallen wesentlich konstruktiver aus und erschüttern das Konzept nur selten in seinen Grundfesten. Zudem finde ich es durchaus eine gute Sache, wenn sich die Beteiligten in der an die Präsentation anschließende Diskussion einbringen. Es bedeutet, dass sie das Konzept Ernst nehmen und sich damit auseinandersetzen. Normalerweise kann ich zwischen 80 und 90 Prozent meiner konzeptionellen Vorstellungen durchsetzen, wenn ich „in die Bütt gehe" und das Konzept persönlich vorstelle.

Mein Konzept entsteht zuallererst handschriftlich, mit wilden, nahezu unleserlichen Stichworten auf vielen Notizblättern verteilt. Ich denke nach – und schreibe die Resultate auf. Ich verändere und feile, probiere und variiere, solange bis das Konzept Form annimmt. Und erst, wenn ich genau weiß, wohin ich will, beginne ich mit der Ausarbeitung der ersten Reinschrift. Wobei der Begriff Reinschrift vielleicht ein wenig missverständlich ist, denn die Ausarbeitung erfolgt nicht als Textmanuskript in Word, sondern auf Präsentationsfolien in Powerpoint. Bei mir steht grundsätzlich die Präsentation an erster Stelle, weil sie letztendlich erfolgsentscheidend ist und weil sie mich zur Reduktion und zum klaren Denken zwingt. Die Konzeptpräsentation entsteht in mehreren Durchgängen. Zuerst wird eine schnelle, schmutzige Rohversion in Folienform gegossen, die ich anschließend Runde für Runde verfeinere, bis auch der letzte Feinschliff sitzt. Alles in allem nehme ich mir deutlich mehr Zeit für die Präsentationsvorbereitung in Powerpoint als für das Ausformulieren des Booklets in der Textverarbeitung.

Vor allem Konzeptionsanfänger machen den Fehler, dass sie sich tagelang mit dem schriftlichen Ausformulieren des Konzeptmanuskripts abmühen, erst einen Tag vor der Präsentation mit ihrem Booklet fertig werden und dann noch Hals über Kopf eine Präsentation zusammenschustern. Das kann ins Auge gehen, denn eine schlechte Präsentation kann ein gutes Konzept in den Abgrund reißen. Einer guten Präsentation gelingt es dagegen spielend, die eine oder andere Schwäche des Konzepts zu überdecken.

Das Ausarbeiten der mündlichen Präsentation ist die hohe Kunst der Reduktion. Auf meinen handschriftlichen Notizblättern steht viel mehr, als in meine Präsentation einfließt. Und das ist gut so, denn sobald ich versuchen würde, in der Präsentation alles zu sagen, werde ich nichtssagend. Meine Präsentation konzentriert sich auf die grundlegenden Meilensteine des Konzepts. Diesen Meilensteinen widme ich innerhalb meiner Präsentation die gesamte Aufmerksamkeit und inszeniere sie sorgsam. Zweitrangige Details fließen nur ein, wenn sie die Meilensteine wirkungsvoll verstärken oder wenn ich weiß, dass auf der Zuhörerseite Entscheider sitzen, die großen Wert auf gerade diese Details legen und schlechte Laune bekommen, wenn sie nicht auftauchen.

Ich packe meine Präsentationen nie pickepacke voll mit Informationen und Fakten. Ich kann gut 10 Mal so viel an Fakten über die Zuhörer ausgießen, wie sie verarbeiten können. Ich nehme die Fakten so weit zurück, dass Freiräume für Beispiele, Sinnbilder, Geschichten, Praxiserfahrungen und Kommentare entstehen. Die Zuhörer bekommen dadurch die nötige Bedenkzeit, um wichtige Aussagen meiner Präsentation sacken und auf sich wirken zu lassen. Mein erklärtes Ziel ist es, dass sich alle Zuhörer am Ende noch an die wesentlichen Meilensteine erinnern können und ein geschlossenes Bild vor Augen haben.

Ich integriere stets alle vier konzeptionellen Arbeitsschritte in meine Präsentation: Analyse, Strategie, Kreation und Operation. Die Präsentation beginnt mit einer kurzen luftigen Einleitung, die Zuhörer werden auf das Konzept neugierig gemacht und können sich an mich gewöhnen. Die anschließende Analyse beansprucht nur einen kleinen Teil meiner Präsentationszeit, ist aber immer vorhanden. Ich signalisieren mit der Analyse, dass ich den Dingen auf den Grund gehe und tief im Thema stecke. Alle sollen spüren, dass ich kein Überflieger bin. Außerdem kann es nie schaden, die markanten Koordinaten der Ist-Situation noch einmal in der Zusammenfassung darzustellen, damit alle Zuhörer das gleiche Bild im Kopf haben. Manchmal stoße ich im Rahmen meiner Recherche auf Daten und Fakten, von denen ich vermute, dass meine Auftraggeber sie nicht kennen. Diese neuen Erkenntnisse gehören auf jeden Fall in meine Analysepräsentation, sie führen zu Aha-Effekten bei meinen Zuhörern und stärken meine Deutungshoheit.

Die Strategie ist das Herzstück meiner Konzeptpräsentation. Keine umfangreichen theoretischen Modelle, die Strategie orientiert sich an der Erfahrungswelt der Zuhörer, sie kommt kurz und knackig auf den Punkt. Mancher Auftraggeber fordert mich auf, innerhalb der Präsentation den Strategieteil

Konzeptpräsentation			
15% Analyse	30% Strategie	10% Kreation	45% Umsetzung

wegzulassen. Dieser ganze theoretische Strategiekram wäre einerlei, würde die Beteiligten nicht interessieren, mal ehrlich, letztendlich käme es doch nur auf die Umsetzung an. Auf diesen Sündenfall lasse ich mich nicht ein. Schließlich muss es eine der „missionarischen" Pflichten des Konzeptioners sein, die Kommunikationsbeteiligten endlich zum strategischen Denken zu erziehen. Dennoch bin ich mir natürlich im Klaren darüber, dass der strategische Teil relativ abstrakt und theoriegrau ist. Deshalb fasse ich mich kurz. Da die strategische Vorgehensweise den Kommunikationsprozess nachvollzieht, mache ich aus den strategischen Schritten keine Aufzählung, sondern ziehe den Prozess als Handlungsfaden in meinen Vortrag ein und steigere so das Interesse. Auch hüte ich mich vor strategischen Allgemeinplätzen, denn die erzeugen nur Langeweile. Jede Strategie ist eine Folge von Entscheidungen und ich will, dass meine Zuhörer zustimmen und sich hinter jede einzelne Entscheidung stellen.

In vielen Präsentationen sorgt die Vorstellung der Kreation für den Durchbruch. Die große Idee ist nur ein kleiner Funken, aber wenn er richtig zündet, kann er präsentationsentscheidend sein. Die meisten Auftraggeber können nicht anders, sie werden von einer gewitzten kreativen Lösung mitgerissen. Deshalb wäre es sträflich, den ersten Auftritt der kreativen Leitidee zu verschenken. In jeder Präsentation arbeite ich die große Idee als einen Höhepunkt wirkungsvoll heraus. Dabei sollte die kreative Leitidee auf jeden Fall für sich selbst sprechen. Wenn ich sie erst wortreich erklären muss, damit sie den Zuhörern einleuchtet, dann stimmt mit der Idee irgendetwas nicht.

Das zeitliche Schwergewicht der Präsentation liegt auf der operativen Umsetzung. Was soll konkret passieren? Was ist an Maßnahmen geplant? Spätestens jetzt ist das Interesse der Zuhörer hellwach, denn mit Maßnahmen kennen sie sich aus, damit haben sie ständig zu tun. Alle hören gespannt zu. Damit die Maßnahmen als System überzeugen, achte ich darauf, dass das strategische Raster im Hintergrund immer erkennbar bleibt und sich die Maßnahmen wie von selbst in selbiges Raster einfügen. Keinesfalls darf der Zuhörer die Strategie aus den Augen verlieren und nach der Präsentation den aktionistischen Drang verspüren, sich aus einem bunten Strauß die eine oder andere Maßnahme nach Belieben herauszupicken.

Meine Maßnahmen stehen nicht isoliert, die Verbindungen sind erkennbar. Ich präsentiere also nicht einzelne Zutaten des konzeptionellen Rezepts, sondern mache Appetit auf den fertigen Kuchen. Die kreative Leitidee sollte als Kirsche auf jedem Kuchenstück (=Maßnahme) erkennbar sein und das Geschmackserlebnis intensivieren. Es kann passieren, dass meine Umsetzung aus 30 bis 40 Einzelmaßnahmen besteht. Ist das der Fall, packe ich nicht alle Maßnahmen in die Präsentation. Ich konzentriere mich auf die wegweisenden Maßnahmen und arbeite diese klar heraus. Jede Maßnahme sehe ich als Angebot an meinen Auftraggeber. Er soll das Angebot attraktiv finden und es spontan für sich annehmen. Damit das Angebot griffig wird, arbeite ich in der Maßnahmenpräsentation gern mit Fotos, Illustrationen und Videos. Wie heißt es so treffend, ein Bild sagt mehr als tausend Worte. Ich präsentiere als Highlight-Maßnahme zum Beispiel eine Infotainment-Show zum „Kick-off" des neuen lokalen Radiosenders. Zuerst zeigt ein Foto den Marktplatz, auf dem die Show stattfinden soll, ein kurzes Video stellt den Moderator und den Stargast vor, eine Fotomontage veranschaulicht, wie ich mir die Bühnenkulisse der Show vorstelle.

Wie lang ist eine Konzeptpräsentation? Ich brauche im Minimum 20 Minuten für eine aussagekräftige Präsentation. Selbst komplexe Kommunikationskonzepte passen in diesen Zeitrahmen. Die obere Zeitgrenze liegt für mich bei etwa 45 Minuten. Brauche ich länger, ist das für mich ein klares Indiz dafür, dass ich noch nicht genügend reduziert habe und zu viel Ballast mit mir rumschleppe.

Es empfiehlt sich in jedem Fall, vor dem eigentlichen Ernstfall eine Probepräsentation zu organisieren. Nur „Vertrauensleute" aus der eigenen Abteilung oder aus dem Bekanntenkreis hören zu. Die Präsentation läuft als Generalprobe ohne Unterbrechung durch und die Zuhörer üben sich hinterher in Manöverkritik. Eine vorgeschaltete Probepräsentation kann die Vortragsleistung beim Ernstfall noch einmal wesentlich steigern.

Die eigentliche Präsentation sollte für alle Teilnehmer ein wichtiges Ereignis sein und ernst genommen werden. Leider kommt es immer wieder vor, dass Teilnehmer keinen Respekt zeigen und während der Präsentation ihre Post unterschreiben oder die neuesten Nachrichten auf dem Blackberry studieren. Von solchen Wichtigtuern darf man sich nicht irritieren lassen, es gibt sie in jedem Unternehmen. Vorbeugend kündige ich zu Beginn meines Vortrags an, dass ich in einem Rutsch durchzupräsentieren gedenke. Fragen und Anmerkungen möge man sich für die anschießende Diskussion aufheben. Ohne diese Bitte kann es passieren, dass die Präsentation mehrmals von Zwischenfragen und Kommentaren unterbrochen wird, so lange, bis den Zuhörern der große Zusammenhang verloren geht.

Bei kleinen Zuhörerkreisen laufen meine Folien direkt über das Notebook, in größeren Runden schließe ich das Notebook entweder an einen großen LCD-Monitor oder einen Beamer an. Flipchart-Präsentation? Overheadfolien? Das war einmal. Ich habe diese Präsentationsklassiker schon seit Jahren nicht mehr eingesetzt oder im Einsatz gesehen. Es war im Jahr 2001, dass ich das letzte Mal mit Overheadfolien präsentiert habe. Hinterher hat mir der Auftraggeber vorgeworfen, ich würde mir keine Mühe geben und ihm eine „Studentenpräsentation" zumuten. Seitdem bin ich auf Notebook und Projektor umgestiegen.

Zurzeit ist „Powerpoint-Bashing" ziemlich angesagt. Ich beteilige mich nicht daran und empfehle dringend, die eigene Konzeptpräsentation mit Powerpoint, Keynote oder einer anderen Präsentationssoftware zu visualisieren. Werden die Folien richtig eingesetzt, dann können sie die Aussagekraft einer mündlichen Präsentation wesentlich verstärken. Präsentationssoftware ist an sich nicht schlecht, sie wird nur häufig schlecht eingesetzt. Aufgabe der Folien ist es nicht, den kompletten Inhalt des Konzepts abzubilden. Die Folien verstehen sich auch nicht als projizierte Stichwortliste für den Vortragenden. Wer einfach nur sein Konzept, Folie für Folie, Spiegelstrich für Spiegelstrich auf Folie reproduziert, der verschenkt die Möglichkeiten. Bei der Gestaltung der Folien empfehle ich:

› **Masterchart erstellen oder auswählen** – Zuerst wird eine Masterfolie entwickelt, die ein einheitliches Gestaltungsraster für alle Folien festlegt. In vielen Unternehmen gibt es bereits eine Masterfolie als fertige Maske.

› **Keine Folienflut erzeugen** – Die Menge der Folien und die Länge des Vortrags sollten in einem vernünftigen Verhältnis zueinander stehen. Für einen 20-minütigen Vortrag komme ich mit 12 bis 16 Folien aus. Bei einer 45 minütigen Präsentation liege ich irgendwo zwischen 30 – 40 Folien.

› **Text reduzieren** – Die Folien werden nicht vollgepackt mit ausformulierten Texten, die zu Textwüsten werden. Auf jeder Folie steht nur wenig Text, der für die Betrachter sofort zu erfassen ist. Längeres Lesen lenkt nur ab.

› **Plakativ darstellen** – Text- und Abbildungsgrößen dürfen nie Kleinformat haben. Jede Folie ist übersichtlich wie ein gutes Plakat gestaltet und verzichtet auf jegliche Form von „Augenpulver".

› **Bilder einbauen** – Wenn möglich und sinnvoll, kommen Schaubilder oder Fotos auf die Folien. Diese Bilder verstehen sich als Funktionsträger. Sie sollen die Inhalte verstärken, Zeichen setzen oder emotionale Eindrücke vertiefen. Bilder als Zierrat sind tabu. Eine Präsentation ist kein Kunsthandwerk.

› **Folien und Vortrag ins richtige Verhältnis bringen** – Vortragstext und Folien sollten nie deckungsgleich sein, denn dadurch kommt schnell Langeweile auf. Die Folien kontrapunktieren, illustrieren und interpretieren den Vortrag.

Von antrainierter Vortragsrhetorik während der Präsentation halte ich persönlich nicht so viel. Meiner Meinung nach soll jeder echt und authentisch vortragen, mit allen seinen Stärken und Schwächen, das kommt am überzeugendsten rüber. Allerdings gibt es einige grobe Schnitzer, die als Störfaktoren aus jedem Vortrag zu verbannen sind:

› **Zu leise vortragen** – Manche Vortragende sind kaum zu hören und drohen im Raum unterzugehen. Vor allem bei unkonzentrierten Zuhörerkreisen kann das gefährlich werden. Die Stimme muss laut und präsent sein, lieber etwas zu laut als zu leise.

› **Zu schnell vortragen** – Wer dazu neigt, in Hochgeschwindigkeit mit wehendem Gaumensegel durch seinen Vortrag zu hasten, der verliert unterwegs die Aufmerksamkeit seiner Zuhörer. Deswegen sollten Schnellsprecher in der Probepräsentation üben, das Tempo herunterzufahren.

› **Mit dem Rücken zum Publikum präsentieren** – Das ist ein grassierender Fauxpas, der mir in jeder zweiten Präsentationen begegnet. Der Vortragende braucht die Folien als Stichworthilfe und präsentiert die meiste Zeit mit Blick auf die Projektion und nicht auf das Publikum.

› **Mit „Tick" präsentieren** – Einige wenige Vortragende entwickeln durch die Aufregung einen nervösen Tick. Sie kneten in einer Tour ihre Hände oder wippen mit den Füssen hypernervös auf und ab. Wer zu solchen Ticks neigt, sollte sie durch Übungen vor der Präsentation so gut es geht ausschließen.

› **Die Zeit verlieren** – Die Präsentationszeit ist ausgesprochen subjektiv. Manchmal kommt es mir so vor, als hätte ich schon eine Stunde geredet und bin erst seit 20 Minuten „in der Bütt". Das andere Mal bin ich gerade erst warmgeworden, da bedeutet mir mein Auftraggeber, endlich zu Ende zu kommen. Um Zeitfehler zu vermeiden, habe ich während des Vortrags allzeit eine Uhr in Blickweite.

› **Den Schluss verstolpern** – Viele Vortragenden vermasseln den Schluss ihrer Präsentation. Sie stottern: „Ich glaub´, das war´s...?" oder enden normgerecht öde mit „Vielen Dank für ihre Aufmerksamkeit". Schade drum! Ein gelungener Schluss ist wichtig für einen runden Gesamteindruck. Aus diesem Grund denke ich mir vorher einen bündigen Schlussakzent aus und setze ihn ganz ans Ende meines Vortrags.

Nach dem Vortrag hat man´s noch nicht geschafft. An die Präsentation schließt sich in aller Regel eine Diskussion an. Die Zuhörer stellen Fragen, signalisieren Zustimmung oder formulieren Einwände. Ich bin und bleibe währenddessen auf der Hut, denn ein guter Präsentationseindruck kann durch Schnitzer in der anschließenden Diskussion wieder zunichtegemacht werden. Um dieser Gefahr vorzubeugen, bereite ich mich auf die Diskussion vor. Ich denke vorher darüber nach, welche Fragen kommen könnten und bereite passende Antworten vor. Falls ich die eine oder andere Detailfrage nicht beantworten kann, ist das kein Drama. Das wirkt nur menschlich und wird akzeptiert. Folgenschwer wäre allerdings, wenn ich auf wesentliche Kernfragen die Antwort schuldig bliebe oder nur ausweichend reagieren würde. Das könnte das vorzeitige K.O. bedeuten, die Präsentation geht in der anschließenden Diskussion verloren.

Die schriftliche Ausarbeitung

Jedes Konzept sollte schwarz auf weiß vorliegen und für alle Beteiligten jederzeit nachlesbar und nachvollziehbar sein. Allerdings ist es seit einigen Jahren nicht mehr Standard, jedes Konzept ausführlich als Textmanuskript auszuformulieren. Immer mehr Auftraggeber lehnen ein ausformuliertes Booklet sogar vehement ab, zu viel Papier, viel zu viel Information. Sie beklagen sich, dass sie die ganze Informationsflut, die da täglich auf sie einstürmt, nicht mal ansatzweise verarbeiten können. Das ist der Grund, warum über die Hälfte meiner Konzepte nur noch in der Powerpoint-Variante entsteht. Die Beteiligten bekommen ein sogenanntes „Handout" der Präsentation und sind damit vollauf zufrieden.

Da meine Vortragsfolien nur mit minimalistischen Textmengen arbeiten, sind die meisten meiner Präsentationen nicht selbsterklärend. In diesen Fällen baue ich zwei Powerpoint-Dokumente, eine „Short Version" für die Präsentation und eine selbsterklärende „Long Version" mit ganzen Sätzen und ausformulierten Konzeptinhalten für den Ausdruck. Inzwischen ist Powerpoint meine Standardplattform für die Konzepterstellung – und nicht mehr Word. Das war vor zehn Jahren noch umgekehrt.

Einigen Entscheidern in Unternehmen und Institutionen ist sogar das „Handout" schon zu viel. Sie fordern mich auf, extra eine kurze Zusammenfassung des Konzepts zu schreiben – in neudeutsch „Management Summary" genannt. Die Zusammenfassung darf maximal 3 Seiten lang sein, sie konzentriert sich auf das Wesentliche und zeichnet nur die zentrale Mittelachse von Analyse, Strategie, Kreation und Operation nach. Jeder stressgeplagte Entscheider kann das Konzept so in 5 Minuten auf dem Sprung zum nächsten Termin erfassen und für sich bewerten. Für mich sind die Zusammenfassungen eine echte Herausforderung, die viel Zeit kosten. In der Tat ist nichts so schwierig, wie sich kurz zu fassen.

In den seltener werdenden Fällen, in denen ich mein Konzepte in der Textverarbeitung bis ins Detail ausformuliere, sind die Booklets im Regelfall so zwischen 16 und 36 Seiten lang. Längere Konzepte kommen nur ganz vereinzelt vor. Gott sei Dank, denn ich bin nicht wild darauf, tagelang vor dem Computer zu sitzen und Seite um Seite zu tippen. Die ausführlichen Versionen der Konzepte werden in der Regel von denen eingefordert, die wesentlich an der Umsetzung mitwirken. Sie brauchen das Konzept als Gebrauchsanweisung für ihre Arbeit. Sie studieren alle Seiten gründlich, versehen sie mit Kommentaren und kleinen gelben Post-It-Zetteln am Rand. Wenn ich einige Monate später zu Besuch komme, dann liegen die Booklets immer noch oben auf dem Schreibtisch und sehen schon ziemlich beansprucht aus. Prima! Genau so soll es sein. Natürlich gibt es umgekehrt immer mal wieder Konzeptpapiere, die nur wenige Seiten kurz sind, aber die bezeichne ich absichtlich nicht als Konzept sondern als Konzeptskizze.

Meine Arbeit bringt es mit sich, dass ich ständig Konzepte aller Art zu lesen bekomme. Mir fällt auf, dass einige dieser Konzepte gut gedacht, aber umständlich formuliert sind. Die Lektüre strengt an und hinterher hat der Leser nur die Hälfte verstanden, weil die steife Form die Inhalte ausbremst. Das muss nicht sein. Konzepte ausformulieren ist wirklich keine Kunst, man braucht sich nur an ein paar einfache Regeln zu halten:

› **Erst Denken, dann Schreiben** – Ich fange erst an, das Konzept auszuformulieren, wenn die Inhalte sicher stehen und alle Probleme gelöst sind, so dass ich mich voll auf die schlüssige sprachliche Formgebung konzentrieren kann.

› **Einfache Struktur** – Damit sich die Struktur meines Konzeptes gleich auf den ersten Blick erschließt, baue ich nur ganz einfache Strukturen. Man schreibt schließlich eine Gebrauchsanweisung und keine Masterarbeit. Ein bis maximal zwei Gliederungsebene reichen mir aus. Wer bei 1.7.3 oder gar 2.3.4.1 angekommen ist, der hat sich hoffnungslos verstrickt.

› **Keine Schachtel- und Kettensätze** – Zu lange Ketten und zu viele Schachteln im Konzepttext behindern das Verständnis des Lesers. Besser sind einfache, kurze und klare Sätze.

› **Kein Konjunktiv** – „Wir könnten uns vorstellen, eine Pressekonferenz zu veranstalten!" Humbug! Das Konzept wurde doch in Auftrag gegeben, um Entscheidungen zu bekommen. Ein Konzept bekennt sich und weist den Weg. Konjunktive sind deshalb – bis auf wenige taktische Notwehrsituationen – strengstens verboten.

› **Keine Substantivierungen** – „Die Bekanntmachung der neuen Dienstleistung" ist pures Beamtendeutsch. Besser liest und fühlt sich an, wenn da steht: „Gemeinsam machen wir die neue Dienstleistung bekannt". Substantivierungen scheinen sich in Konzepten wohl zu fühlen, denn man begegnet ihnen laufend. Substantivierte Aussagen plustern sich auf und machen sich wichtig, rauben dem Text aber gleichzeitig viel an Dynamik und Leichtigkeit.

> **Keinen Wechsel in der Erzählperspektive** – Auch ein Konzept hat wie jeder Roman eine Erzählperspektive. Wenn man in der Wir-Form schreibt, dann ist das in Ordnung, aber man muss das „Wir" bis zu letzten Seite durchhalten. Wenn man den Auftraggeber auf Seite 3 mit „Sie" direkt anspricht, dann empfiehlt es sich, die direkte Anrede auch auf den Folgeseiten an den passenden Stellen zu wiederholen.

Was die Probepräsentation für den Vortrag, das ist das Referenzlesen für das Konzept-Booklet. Ich gebe alle meine Konzeptpapiere unbeteiligten Dritten zum Gegenlesen. Rechtschreibefehler und logische Brüche, krumme Formulierungen und umständliche Erklärungen – alles, was ich selbst nicht mehr sehe, weil ich zu tief im Text stecke, entdecken mein Referenzleser auf den ersten Blick. Bleibt noch zu erwähnen, dass ich großen Wert auf Gestaltung und richtige Formatierung meiner Konzepte lege. Im letzten Arbeitsgang feile ich an der richtigen Form von der Schriftgröße bis zur Spaltenbreite. Vielleicht ist es nur Einbildung, aber ich behaupte, dass ein Konzept, das in der Form „nach etwas aussieht", auch im Inhalt deutlich höher eingeschätzt wird. Niemand unterschätze mir die Bedeutung der guten Form!

Manche meiner Auftraggeber wollen das schriftliche Konzept unbedingt schon vor dem Präsentationstermin lesen. Für mich ist das ein Alptraum, den ich mit allen Mitteln zu verhindern suche. Denn in der Stunde der Wahrheit, während meines Präsentationsvortrags, sinkt die Aufmerksamkeit der Zuhörer jedes Mal ganz erheblich, da sie ja sämtliche Inhalte schon kennen. Von Spannungsbögen oder Überraschungseffekten kann nicht mehr die Rede sein. Man strampelt sich da vorne ab und die Leute ziehen nicht mit. Ich lege großen Wert darauf, das Konzeptbooklet erst zur Präsentation mitzubringen und im Anschluss an meinen Vortrag (nicht vorher!) an die Zuhörer zu verteilen.

Der Weg zum verabschiedeten Konzept

Das Konzept ist präsentiert, das Booklet übergeben. Damit ist alles in trockenen Tüchern und die Umsetzungsarbeiten können beginnen? Das wäre schön, entspricht aber nicht der Realität. Bis aus den konzeptionellen Koordinaten Tatsachen werden, ist es oft noch ein langer, harter Weg. Vom Zeitpunkt der Präsentation bis zum Beginn der Umsetzung kann es noch eine halbe Ewigkeit dauern. Bei mir liegt der Rekord bei anderthalb Jahren Abstimmung.

Um das Schieben auf die lange Bank zu verhindern, empfiehlt es sich, schon in der Präsentation, feste Pflöcke für die Umsetzung in den Boden zu rammen. Zum Abschluss meines Vortrags oder in der anschließenden Diskussion definiere ich, wie ich mir die weitere Vorgehensweise vorstelle und was die nächsten Schritte sind. Ich bestehe darauf, dass mein Zuhörerkreis sich damit auseinandersetzt. Ich dränge auf konkrete Aussagen und halte diese in meinem Briefingbericht schriftlich fest.

Eigentlich geht es nach der Präsentation nie sofort in die Umsetzung. Fast immer sind noch weitere Abstimmungen des Kommunikationskonzepts erforderlich. Da gab es bereits in der Präsentationsrunde Änderungswünsche, die hinterher ins Konzept eingearbeitet werden müssen. Da sind noch Gremien und Personen zu hören, die nicht bei der Präsentation dabei waren. Da hat eine Abteilung ihr Veto erhoben und man muss einen Kompromiss aushandeln. Der häufigste Grund für eine Verzögerung liegt in der Budgetierung. Das Konzept wird für gut befunden, aber es muss noch mindesten 20 Prozent bei den Maßnahmen eingespart werden – und das kann dauern.

Nicht selten stellt sich auch heraus, dass eine einzige Konzeptpräsentation nicht ausreicht und weitere Überzeugungsarbeit geleistet werden muss. Ich stelle das Konzept in weiteren Runden im Aufsichtsrat oder in der Londoner Konzernzentrale vor. Oder die Vertriebsmannschaft bekommt eine eigene Konzeptpräsentation, denn ohne deren Okay geht es nicht. Als Konzeptioner ist man noch eine Weile mit Überzeugungsarbeit beschäftigt und macht Lobbyarbeit für sein eigenes Konzept. Auf keinen Fall darf man die Hände in den Schoss legen und die Dinge laufen lassen. Selbst wenn das Konzept in der Präsentation hervorragend angekommen ist, kann es in den Tagen und Wochen darauf noch tragisch scheitern.

Begleitung der Umsetzung

Das Konzept hat grünes Licht bekommen. Aus dem Entwurf ist eine belastbare Arbeitsgrundlage geworden. In über 90% der Konzeptionsfälle bin ich von da an aus dem Rennen. „Wissen Sie Herr Schmidbauer, den Rest kriegen wir schon allein auf die Reihe." Wie es anschließend mit dem Konzept weitergeht, das bekomme ich oft nicht mehr mit. Ich weiß, was ich reingesteckt habe, aber ich erfahre nicht, was hinten rausgekommen ist. Die verantwortlichen Projektleiter pflegen demzufolge gern zu bemerken: „Schmidbauer, du hast es gut. Wenn es ernst wird, bis du nicht mehr dabei!" Ganz ehrlich, darauf bin ich nicht im Geringsten stolz. Strenggenommen habe ich als Konzeptioner die verdammte Pflicht, an Bord zu bleiben und ein waches Auge auf den weiteren Kurs des Konzepts zu halten. Aber kaum ein Auftraggeber ist bereit, das zu bezahlen.

Ich gehe von Bord und die Macher übernehmen. Sie sind am Ruder, aber einige von ihnen empfinden sich nicht als Anwälte des Konzepts. Im Gegenteil, für sie ist das Konzept eher Ballast. Die Macher müssen das Kommunikationsprojekt in die Tat umsetzen und sehen sich dabei ständig mit Problemen konfrontiert. Sie wollen auf Nummer sicher gehen und wählen einen Kurs, der möglichst wenige Risiko und Widerstand birgt. Dass dieser Kurs mal mehr, mal weniger vom ursprünglichen Konzeptionskurs abweicht, fällt niemanden größer auf. Denn zwischenzeitlich ist das Konzept in der Schublade verschwunden und durch die Hintertür hat sich wieder jener taktische Aktionismus Bahn gebrochen, der ursprünglich durch das Konzept eingedämmt werden sollte.

Eins ist klar, jedes Konzept muss während der Umsetzung flexibel bleiben. Kein Konzept ist perfekt, es stecken immer irgendwo Fehler und Lücken drin, die sich erst während der Umsetzung auftun. Außerdem dreht sich die Welt munter weiter, und dadurch verändern sich die Bezugspunkte für die strategische und operative Linie. Deshalb kann mit der Verabschiedung kein Konzept in Stein gemeißelt werden. Ein Konzept versteht sich als Leitfaden für die zukünftige Kommunikationsarbeit und wenn es notwendig wird, dann entwickelt sich der Leitfaden während der Umsetzung zügig weiter. Nur darf dabei das Konzept nicht von der Macht des Faktischen für immer ins Exil einer Schreibtischschublade verbannt werden.

Das Zauberwort heißt „Rebalancing". Darunter versteht man die kluge, behutsame Anpassung von Konzepten an die tatsächlichen Entwicklungen im Laufe der Zeit. Damit sich das Konzept auch bei stürmischer Umsetzung in Balance halten kann, muss der Konzeptverantwortliche auch während der Umsetzung in Bereitschaft bleiben und bei Bedarf ausbalancierend eingreifen. Die Bedarfszeitpunkte lassen sich bereits vorher relativ gut bestimmen. Aus Erfahrung weiß ich, dass es drei neuralgische Punkte innerhalb der Umsetzung gibt, wo öfter mal ein konzeptioneller Eingriff erforderlich ist:

› **Die Zahlen liegen auf dem Tisch** – Detailkalkulation und genauer Zeitplan der Kommunikationskampagne sind fertig. Die Zahlen sprechen eine klare Sprache und erfordern eine Kursanpassung.

› **Die Maßnahmen nehmen konkrete Formen an** – Erste Anzeigenmotive sind layoutet, das komplette Programm für die Events ist ausgearbeitet, der Kooperationspartner für das Online-Portal wurde gefunden und meldet seine Interessen an. Da bleibt es nicht aus, dass die ursprüngliche konzeptionelle Linie nicht mehr an jeder Stelle sauber zu den entstehenden Konturen der Realität passt.

› **Die ersten Erfahrungswerte liegen vor** – Die Kampagne ist angelaufen, die Erfolgskontrolle liefert erste Resultate. Einige der Resultate decken Schwachstellen auf und es erscheint ratsam, blitzschnell noch einmal konzeptionell nachzusteuern.

An allen drei Punkten ist ein „Rebalancing" im gemeinsamen Austausch von Machern und Konzeptioner gefragt. Strategie und Umsetzung müssen nachjustiert und optimiert werden. Erstaunlich vieles ist nachträglich noch möglich, nur eins nicht erlaubt: die strategische und operative Achse darf nicht mutwillig verbogen oder gar zerschlagen werden. Egal was geschieht, rein taktische Überlegungen dürfen in keiner Situation die alleinige Oberhand gewinnen. Die gesamte Kommunikation muss gegen alle Fliehkräfte bis zum Ablauf der letzten Maßnahme auf einem vernünftigen strategischem Kurs gehalten werden.

Das Debriefing

Die letzte Maßnahme ist gelaufen. Das gesamte Kommunikationsprojekt ist abgeschlossen. Als allerletzter Schritt ist es Zeit für eine ehrliche Manöverkritik. Die Manöverkritik nennt man je nachdem auch Abschlussbesprechung oder Debriefing.

Im Vorfeld des Debriefings lasse ich mir die Ergebnisse der Erfolgskontrolle geben. Ich sichte alle Statistiken, Dokumente und Berichte und bilde mir ein ungefähres Urteil. Aus Erfahrung weiß ich jedoch, dass objektive Kontrollergebnisse und subjektive Einschätzungen der Beteiligten oft erheblich voneinander abweichen. Deshalb ist es entscheidend für eine endgültige Bewertung, dass ich mich mit allen an der Umsetzung Beteiligten an einen Tisch setze und über den gefühlten Ablauf des Projektes offen rede. Alle Ereignisse und besonderen Vorkommnisse des Projektes kommen auf den Tisch. Dabei werden vor allem die Abweichungen zwischen den Planungen des Konzepts und den Realitäten der Umsetzung herausgearbeitet. Die Beteiligten analysieren Ursachen und Wirkungen dieser Abweichungen.

Vor diesem Hintergrund ist klar, dass sich ein Debriefing nicht als Schönwetterveranstaltung versteht, bei der sich alle gegenseitig loben und Fehler hinter dem Berg halten. Auf der anderen Seite sollte sich das Debriefing auch nicht zur Projektabrechnung aufschwingen, bei der Schuldige gesucht und an den Pranger gestellt werden. Wer die Finger auf die Wunden legt, darf nicht Angst haben, sich selbige Finger zu verbrennen. Das Debriefing sondiert und bewertet, fällt aber keine endgültigen Urteile und spricht vor allem keine Strafen aus. Alles in allem wird das Debriefing zu einer wertvollen Weiterbildungsveranstaltung für mich als Konzeptioner. Ich darf diese Weiterbildung auf keinen Fall verpassen, sonst kann ich nicht dazulernen und besser werden.

Für meine Debriefings setze ich je nach Umfang des Projekts 2 – 3 Stunden Zeit an. Am Anfang stehen mehrere kurze Berichte. Der Vertriebsspezialist erzählt von der Vertriebsfront, der Eventmanager berichtet, wie es auf der Veranstaltung gelaufen ist, der Marktforscher fasst noch einmal die Ergebnisse der Erfolgskontrolle zusammen und der Callcenter-Agent berichtet von der Resonanz der Kunden am Telefon.

Die Ergebnisse der Berichte werden anschließend in einem Soll-/Ist-Vergleich übersichtlich zusammengefasst. Da stehen auf der einen Seite die Soll-Größen des alten Konzepts und auf der anderen Seite die realen Ergebnisse. Die Liste zeigt im Überblick, wo es gut gelaufen ist und wo es gehakt hat. Die Beteiligten diskutieren den Vergleich, bewerten ihn und ziehen erste Konsequenzen. Aus den Erkenntnissen des Debriefings entwickeln sich so fast automatisch die Ansatzpunkte für das neue Kommunikationskonzept. Der konzeptionelle Kreislauf beginnt von vorne.

Überblick. Die Realisierung des Konzepts

1. **Präsentation ausarbeiten** – Sie bestehen mit Nachdruck auf einer mündlichen Präsentation und versuchen zu verhindern, dass Ihr schriftliches Konzept einfach nur kommentarlos in die Runde gegeben wird. Für die mündliche Präsentation entwickeln Sie übersichtliche Folien und einen markanten Vortrag, der sich auf das Wesentliche konzentriert.

2. **Schriftliches Konzept ausformulieren** – Erst im zweiten Schritt formulieren Sie das schriftliche Konzeptpapier mit allen Einzelheiten, die für eine praktikable Gebrauchsanweisung wichtig sind. Falls notwendig, verfassen Sie speziell für die Entscheider eine Kurzversion – das „Management Summary".

3. **Überzeugend präsentieren** – In der Präsentation stellen Sie die Meilensteine Ihres Konzepts möglichst anschaulich und lebendig vor. Im Vorfeld haben Sie im Rahmen einer Probepräsentation geübt. Im direkten

Anschluss an die Präsentation sind Sie auf die Fragen der Teilnehmer vorbereitet und bauen Bedenken ab.

4. **Weitere Vorgehensweise festlegen** – Möglichst noch in der Präsentationsbesprechung legen Sie mit der Teilnehmerrunde die weiteren Abstimmungsschritte fest. Ihr Ziel ist es, das Kommunikationskonzept möglichst zügig zu verabschieden.

5. **Konzept abstimmen** – Nur ausnahmsweise bekommt ein Konzept schon unmittelbar in der Präsentation grünes Licht. Meist sind noch einige Änderungen und Abstimmungen notwendig. In der Abstimmungszeit sind Sie auf der Hut, bewahren und verteidigen Ihr Konzept.

6. **Konzeptumsetzung begleiten** – Auch in der gesamten Realisierungsphase kann ein konzeptionelles Eingreifen erforderlich sein. Falls irgend möglich bleiben Sie in Bereitschaft und greifen ein, wenn das Konzept während der Umsetzung die konzeptionelle Linie zu verlieren droht.

7. **Debriefing** – Zum Abschluss setzen Sie sich mit denjenigen, die Ihr Konzept umsetzen durften, zusammen und tauschen Erfahrungen aus. Was ist gut und was ist schlecht gelaufen? Was lässt sich daraus für die Zukunft lernen?

Anhang.
Die ergänzenden Materialien

Der Autor empfiehlt

Ich habe hinter mich in das Bücherregal gegriffen und alle Fachbücher zum Thema Konzeption herausgeholt, die zurzeit noch lieferbar sind und mit denen ich selbst ab und zu arbeite. Wer also mehr über die verschiedenen Spielarten der Konzeptionsmethodik erfahren will, der wird hier fündig:

Konzeptionspraxis – eine Einführung für PR- und Kommunikationsfachleute – Renée Hansen und Stephanie Schmidt – FAZ Verlag. 4. aktualisierte Auflage, 2009

Zwei erfahrene Kolleginnen beschreiben vom Standort der PR aus die Entwicklung moderner Kommunikationskonzepte. Die konzeptionelle Schrittfolge kommt locker und leicht lesbar rüber. Die Lektüre ist unterhaltsam und vor allem Einsteiger lernen dabei eine Menge. Mein Lieblingsbuch unter den Konzeptionsbüchern! Mir hat es besonders das Praxisbeispiel zur Vermarktung des deutschen Gartenzwerges angetan.

Konzepte entwickeln – Handfeste Anleitungen für bessere Kommunikation – Jürg W. Leipziger – FAZ-Verlag, 3. aktualisierte Auflage, 2009

Das Buch ist ein Klassiker für den PR-Profi. Analyse und Strategie stehen im Mittelpunkt. Nur wer sich aus dem sturen Denken auf der Maßnahmen-Tiefebene befreit und sich strategischen Überblick verschafft, kann sein Kommunikationsprobleme lösen. Wer in das Konzeptionsverständnis von Jürg Leipziger einsteigt, sollte schon ein Quentchen Konzeptionserfahrung haben. Für blutige Anfänger scheint mir das Buch weniger geeignet.

Das Kommunikationskonzept: Konzepte entwickeln und präsentieren – Klaus Schmidbauer, Eberhard Knödler-Bunte – umc unipress, 2004

Mein eigenes Buch zum Thema. Was soll ich schreiben? Ich sehe das Buch als ein ausführliches Handbuch für alle Lebenslagen der Konzeptionsarbeit. Da stecken zwanzig Jahre Konzeptionserfahrung drin. Das merkt man vor allem an den vielen Beispielen und gefühlsechten Dokumenten aus der Wirklichkeit der Kommunikationsbranche.

Werbekonzeption und Briefing – Ein praktischer Leitfaden – Ralph Eric Hartleben, Wolfram von Rhein, Publicis Corporate Publishing, 2 Auflage, 2004

Das einzige mir bekannte Buch, das sich explizit mit dem Werbekonzept beschäftigt. Hartleben sei dank, wird das antike Konzeptkorsett der Werbung (Consumer Benefit, Reason Why, Tonality etc.) aufgebrochen und in Richtung einer ganzheitlichen, zielgruppenorientierten Kommunikation weiterentwickelt. Da sich inzwischen verdammt viel getan hat, wünsche ich mir dringend eine gründlich aktualisierte Neuauflage.

Strategische Kommunikationsplanung – Peter Szyszka und Uta-Micaela Dürig – UVG-Verlag, 2008

Im ersten Teil des Buches führen die Autoren in die Konzeptionsmethodik ein und vergleichen dabei gängige Konzeptionsmodelle aus der Public Relations. Im zweiten Teil wird ein ganzes Spektrum an Fallbeispielen für konzeptionelle PR präsentiert. Die enorme Spannweite reicht vom Social Marketing über Public Affairs bis hin zur Marken- und Produkt-PR.

Neue Konzepte für die erfolgreiche PR-Arbeit: Der Leitfaden für die Praxis – Nicole Zeiter – Huber-Verlag, 2. erweiterte Auflage, 2007

Das Hardcoverbuch ist sehr ansprechend und übersichtlich aufgemacht, nicht die übliche Fachbuchtextwüste. Die Inhalte orientieren sich an der klassischen Auffassung von Public Relations und sind einfach und klar geschrieben. Während Jürg Leipzigers Buch vom strategischen Hochsitz aus auf die Konzeption schaut, orientiert sich Nicole Zeiter eher an den praktischen Konzeptionsdingen des PR-Alltags.

Strategic Planning for Public Relations – Ronald D. Smith, Verlag Routledge Chapman & Hall, Third Edition, 2009

Das englischsprachige Buch ist ebenfalls auf dem Terrain der PR zu Hause. Ronald D. Smith hat aber die Augen offen und bezieht immer wieder Aspekte der Marketingkommunikation ein. Die richtige Schrittfolge bei der Konzeptionsentwicklung wird ausführlich vorgestellt, mit vielen Beispielen und praktischen Übungen vertieft. Im Großen und Ganzen gleichen sich die Konzeptionswerkzeuge in den USA und bei uns. Im Detail gibt es allerdings einige interessante Unterschiede.

Konzepte ausarbeiten – schnell und effektiv, Tools für Pläne, Berichte und Projekte – Sonja Ulrike Klug, Verlag Business Village, 4. überarbeitete Auflage, 2010

Das Taschenbuch versteht den Begriff „Konzept" allgemeiner und offener als die Bücher weiter oben. Es geht im Kern nicht um die methodische Vorgehensweise bei der Entwicklung eines Kommunikationskonzeptes. Vielmehr werden nützliche Tools und Techniken für konzeptionelles Arbeiten mit System vorgestellt – vom Perspektivdiagramm für die Recherche bis hin zur TILMAG-Methode im Rahmen der kreativen Ideenfindung.

Der Autor stellt sich vor

Damals, Ende der 70er Jahre, nach dem Studium der Betriebswirtschaft dachte ich nicht im Traum daran, in die Kommunikationsbranche zu gehen, um den Rest meines Lebens Konzepte zu entwickeln. Es war ziemlich viel Zufall im Spiel, als ich 1985 nach bewegten Jahren im Musikbusiness in der Werbe- und PR-Branche landete. Auch mein erstes Konzept zwei Jahre später habe ich dem Zufall zu verdanken. Der angestellte Konzeptioner verschwand über Nacht und der Chef der Agentur suchte händeringend einen Ersatz und guckte mich aus. Ich hatte keinerlei Ahnung von Konzeption! Aber wahrscheinlich fangen alle so an.

Seit knapp 24 Jahren sitze ich jeden Tag an meinem Schreibtisch und auf dutzenden von Notizblättern entsteht das nächste Konzept. Im Laufe der Jahre sind soweit über tausend Konzepte entstanden. Was Branchen und Produkte angeht, habe ich mich mit Absicht nicht spezialisiert. Ich will offen bleiben und immer wieder Neues entdecken. Eine Spezialisierung gibt es aber dennoch: Ich arbeite bevorzugt an integrierten Kommunikationskonzepten. Das sind Konzepte, die das gesamte Panorama zeitgemäßer Unternehmens- und Marketingkommunikation im Blick behalten.

Parallel trainiere ich seit einigen Jahren an mehreren Hochschulen und Weiterbildungseinrichtungen den richtigen Weg zur Konzeption. Im „Sommerloch" bleibt mir meist etwas Zeit und dann schreibe ich meine Erfahrungen auf und veröffentliche sie in Buchform. Neben dem vorliegenden „Vorsprung mit Konzept" habe ich gerade mit Ulrike Führmann unser gemeinsames Praxisbuch „Wie kommt System in die interne Kommunikation" gründlich überarbeitet und neu veröffentlicht. Ebenfalls noch lieferbar sind „Professionelles Briefing" und „Das Kommunikationskonzept".

Wer mehr über meine Arbeit erfahren will, dem empfehle ich, einen Blick auf meine Website www.schmidbauer-berlin.de zu werfen.

Der Autor sagt Dankeschön

Ich bedanke mich bei Michael Jeschke und Lars Oeverdieck von der TU Berlin, die uns als Auftraggeber des Nano-Falls gebrieft und begleitet haben. Dank auch an Dr. Wolfgang Merten und Michaela Kirchner von der TU Service GmbH für die engagierte Betreuung.

Ulrike Führmann und meine liebe Frau Monika haben das Buchmanuskript gründlich gelesen und mir wertvolle Hinweise gegeben.

Aber mein ganz besonderer Dank gilt natürlich den Konzeptionsteams aus dem TU-Studiengang Wissenschaftsmarketing, die das in diesem Buch integrierte Nano-Konzept entwickelt und präsentiert haben: Stefanie Bahe, Tina Georgia Fix, Mike Unger, Marvin Stolz, Cordelia Arndt-Sullivan, Enrico Brandenburg, Darina Gerasimova, Anja Günther, Frank Hofmann, Carolin Weber, Nadine Lux, Sigrun Mantei, Lars Niehaus, Christoph Richter, Gabriele Schönherr, Christine Kreutzer, Yin Wang, Timo Wegeler und Marita Hertwig.